人人玩赚 AI 编程

从入门到变现一本通关
（Cursor+Claude）

黑帽子 · 著

电子工业出版社
Publishing House of Electronics Industry
北京·BEIJING

未经许可，不得以任何方式复制或抄袭本书之部分或全部内容。
版权所有，侵权必究。

图书在版编目（CIP）数据

人人玩赚 AI 编程：从入门到变现一本通关：Cursor+Claude / 黑帽子著. -- 北京：电子工业出版社，2025.6. -- ISBN 978-7-121-50254-5

Ⅰ．TP18

中国国家版本馆 CIP 数据核字第 2025MW5204 号

责任编辑：滕亚帆
文字编辑：孙奇俏
印　　刷：天津千鹤文化传播有限公司
装　　订：天津千鹤文化传播有限公司
出版发行：电子工业出版社
　　　　　北京市海淀区万寿路 173 信箱　　　邮编：100036
开　　本：720×1000　1/16　　印张：13.75　　字数：220 千字
版　　次：2025 年 6 月第 1 版
印　　次：2025 年 6 月第 1 次印刷
定　　价：79.00 元

凡所购买电子工业出版社图书有缺损问题，请向购买书店调换。若书店售缺，请与本社发行部联系，联系及邮购电话：(010) 88254888，88258888。
质量投诉请发邮件至 zlts@phei.com.cn，盗版侵权举报请发邮件至 dbqq@phei.com.cn。
本书咨询联系方式：faq@phei.com.cn。

推荐语

AI 的诞生，不亚于工业革命；AI 的应用，将惠及全人类。越早了解 AI 编程的应用，你就越有可能快人一步拿到结果。黑帽子是我见过的为数不多的实战派，要想学习 AI 编程技巧，极力建议大家阅读这本书。

知名商业公众号"纵横领域"主理人，纵横

在 AI 重塑商业的时代，这本书就是创业者的破局密钥！

上海合智正和咨询集团创始人、上海君权创投董事长、
正和岛上海常务秘书长，乔斌从"生财有术"圈友到 iOS 航海教练，黑帽子的实战进阶本身就是对生财有术价值的最佳证明！这本书将复杂的编程变成"填空游戏"，不会写代码也能开发应用，不懂技术也能做网站。"生财有术"社群向来相信"能落地的才是真本事"，这本书讲解了从 AI 编程到商业变现的全流程方法论，非常具有落地参考价值。

"生财有术"社群创始人，亦仁

做产品要先挖需求，变现更要找对方法。这本书把 AI 编程、流量、变现的全链路都讲透了，让不懂技术的普通人也能用 AI 进行应用开发，有机会进入 AI 的红利时代。

万人付费社群"淘金之路"创始人，狗哥

短视频要爆，得懂算法逻辑！这本书直接打通任督二脉，用 AI 编程工具和流量矩阵使内容创作的效率翻倍。从搭建应用框架到设计变现闭环，全是可复制的爆款打法。现在 AI 就是内容创业者的核武器，各位读者可以"闭眼冲"！

爱拍内容科技 CEO，黑牛

流量与变现是当前互联网创业的主旋律，黑帽子的这本书教我们用 AI 编程工具和正确的方法，零代码做出能赚钱的应用！书中提到的 SEO

流量心法，全是干货。更厉害的是，书中把 AI 开发和商业变现环节打通，让 AI 成为普通人逆袭的武器。这本书值得大家认真阅读。

SEO 专家、搜外网创始人，夫唯

完全不懂代码也能学会！这本书用大量的案例告诉读者，1~3 小时就能上手 AI 编程，开发一个应用并成功变现。这样简单易学的方法，越早学会越好！

短视频教育头部 MCN 公司"打虎文化"联合创始人，王钦萌

黑帽子的这本书直接打出"零代码+AI"组合拳——不会写代码也能"硬刚"应用开发，用矩阵流量玩法，将变现效率直接拉满。想要靠 AI 破局的人，按书里的方法去做就行！

"AI 破局俱乐部"社群创始人，findyi

前　　言

你好，我是黑帽子，这本书的作者。

从内容上看，这本书更像一个"缝合怪"，不仅有 AI 编程的方法和操作，还有具体的流量玩法和商业变现方法论。你可能很难在市面上找到一本类似的书，不要觉得夸张，因为这正是本书的核心价值。

编程本身并不能直接创造经济价值，别管是使用 AI 编程还是"手搓"代码。如果不懂商业规则，没有获取流量的能力，那么做出来的网站、App 充其量就是个玩具。我相信没有几个人纯粹是为了兴趣去使用 AI 编程的，但凡是想学一项技能，最终的目的基本都是直接或间接地为人生、职业生涯创造更多的经济价值。

这本书如果只讲使用 AI 编程的方法，那么其价值将很有限，因为市面上介绍 AI 编程方法的图书并不稀缺。另外，方法本身不值钱，值钱的是从产品到流量再到变现的完整商业链路设计。本书完整介绍了关于流量、变现的内容，这些内容是对我过去十年从业经验的总结。

在这个行业，我交了大量的学费，踩过很多大坑，最终才知道哪些流量玩法有用，哪些商业认知是正确的。就像网站做 SEO，不瞒你说，当初我为了学习这项技术，不止一遍地看了两本巨厚无比的书，累计买了上万元的课程，各种知识学得倒是不少，但实践后发现 99%的东西都没有用。基于此，我撰写本书，希望将关于流量、变现方面的内容讲清楚，而这些内容正是那 1%的精华。

如果你是一个不懂技术的"小白"，一行代码都不会写，也学不会复杂的编程技术，那么这本书完全就是为你量身定做的。

我也不懂编程技术，如果给我一行代码，即使再简单，我也得去问问 AI 这是什么意思，但我一样靠做网站赚到了人生第一桶金。如果让我只靠上班赚钱，那么这笔钱我不吃不喝挣二十年才有可能赚到。

所以，你完全没有必要担心阅读本书会存在困难。只要你会开关电脑，会使用键盘打字，拥有基本的义务教育知识，你就能在没有学过任何编程技术的情况下，借助 AI 开发一个有流量、能变现的应用。

当然，如果你本身就懂编程、懂开发、有项目经验，那么阅读本书就更容易了。或许实战篇对于你来说用处不大，但是商业篇的内容一定会对你有巨大的帮助。真传一句话，假传万卷书，这本书关于流量、变现的内容虽然没有那么大而全，但一定有用，实践之后一定会有结果、有反馈。

这也就是为什么会有这样一本看似奇怪的书。当然，这不仅仅是一本书，还是一张门票、一把掘金的铲子。在购买本书后，我会送你一份超过本书售价"十倍"的见面礼！

（1）AI编程零基础入门实战｜线上课程

我花了七天时间录制了一套课程，从0到1，手把手教你通过AI做网站和App，你可以认为这是本书实战篇的视频版本，可以在线重复观看和学习，永久有效。

（2）玩赚AI编程｜读者社区

在这里，你可以向我提问，与我交流，我将有问必答，知无不言。交流内容不限于AI编程、流量、变现等，任何问题都行，只要是我知道的我都会回答。

（3）线上答疑

只要购买本书，你就能在读者社群中与我取得联系，并随时进行作者线上答疑。答疑资格永久有效。

（4）21天AI编程小白变高手线上训练营｜"门票"

从结果出发，我们最终的目的是借助AI真正做出一个能赚钱的应用，成为AI编程高手。所以针对购买本书的所有人，我会根据报名人数每个季度组织"21天AI编程小白变高手线上训练营"。你能够进一步将本书中的商业方法落地，实现从小白变高手的跃迁。不管结果怎样，先行动，你就胜过了绝大多数人。

（5）AI 编程掘金案例库｜专栏订阅

因为本书更侧重于操作流程、方法，所以我在知识星球内开设了一个专栏，拆解不少于 30 个真实的项目案例，不仅讲结果，还讲操作流程和方法，以我的视角带你了解那些拿到结果的人是怎么赚钱的。

（6）《AI 编程从新手到高手实战手册》｜内部资料

这是一份电子文档，我会整理、收录我所知道的所有与 AI 相关的工具和网站，以及使用 AI 开发应用时会涉及的变现平台，包括国内的和海外的，这也是本书附赠资料的领取渠道。

目　　录

序章　普通人如何在 AI 时代抓住机会 13

入门篇　从不懂技术，到使用 AI 编程

第 1 章　AI 编程核心：提问比代码更重要 33

　　1.1　三步提问法：让 AI 精准 Get 你的需求 33
　　1.2　万能模板：解决 90%的编程难题 43
　　1.3　高手思维：用 AI 突破能力局限 46

第 2 章　开发避坑指南：你也能成为 AI 编程高手 51

　　2.1　版本管理：3 个技巧提高容错率 51
　　2.2　模块化开发：复杂应用也能轻松拆解 57

2.3　修复 BUG 神器：让 AI 自动解决 90%的报错问题 60

2.4　底层逻辑：AI 编程工具的局限性及应对策略 65

实战篇　不写代码，开发第一个应用

第 3 章　准备：新手必备的网站开发宝典 71

3.1　实战：30 分钟开发一个贪吃蛇小游戏 73

3.2　实战：60 分钟开发网页版 DeepSeek 对话助手 82

3.3　上线攻略：成功发布首个网站 90

3.4　延伸进阶：使用 blot.new 开发更有设计感的网站页面 106

第 4 章　进阶：iOS App 低门槛高收益开发之路 109

4.1　前期准备：新手必备 iOS App 开发指南 111

4.2　实战：60 分钟开发 iOS App 版 DeepSeek 对话助手 117

4.3　上架攻略：App Store 全球分发 132

4.4　进阶实战：4 小时开发全栈 App（前端+后端+数据库） 143

第 5 章　延伸：微信小程序，变现门槛最低的应用类型 165

5.1　前期准备：微信小程序开发与变现基础 165

5.2　实战：10 分钟开发俄罗斯方块小游戏 167

5.3　实战：30 分钟开发 MBTI 人格测试小程序 175

商业篇　开发一个能赚钱的应用

第 6 章　冷启动：零成本推广引流秘籍 181

6.1　高效的网站 SEO 方法与策略 181

6.2　实用的 ASO 技巧与经验 189

6.3　iOS App 在小红书上的冷启动获客策略 193

第 7 章　高变现：从产品到利润 200

7.1　商业模式：独立开发者如何斩获首个 100 万元 200

7.2　MVP 策略：AI 开发者必学的经营模式 205

7.3　矩阵策略：将赚钱的效果放大 100 倍 211

7.4　抄作业：复制成功项目的赚钱路径 215

序章
普通人如何在 AI 时代抓住机会

不懂编程，也能用 AI 做应用

过去，你想开发一个应用（App 或网站），往往会有两种选择：要么费时费力，花一年时间自学编程，然后自己开发；要么投入大量资金，花费动辄上万元的费用请外包技术团队进行开发。

今天，即使你不懂任何技术，你也能使用 AI 编程工具，用日常对话的方式，在短短几小时内开发出一个商用应用。

这是一次重要性不亚于工业革命的技术革新，也是一个能让普通人逆天改命的机会。这么说并不夸张，因为新技术的出现一定会对原有的很多行业格局产生重大影响，这是历史的规律。

所以当这样的机会出现时，就意味着行业利益将重新分配，门槛会降低，更多人将有机会参与到竞争中。比如，过去门槛、利润双高的互联网软件行业要求从业者必须懂技术，但如今只要你能清晰地描述需求，明确告诉 AI 你想要什么样的功能，AI 就能将你的想法转换成一行又一行的代码。

这意味着，AI 编程会为你带来 4 个重大变化。

（1）验证想法的成本趋近于零：过去花费大量资金请专业技术人员才能做出来的应用，现在即使一行代码也不会写，也能使用 AI 零成本开发。

（2）增加了一种新职业的可能性：在如今这个互联网时代，会开发 App 或网站的人，一般都会拥有比同龄人更大的职场竞争优势。

（3）一人即团队：AI 同时承担程序员、测试员、UI 设计师的角色，学会使用 AI，等于拥有了一支零成本的技术团队，节省了大量人员成本。

（4）副业新选项：学会使用 AI 编程最直接、最现实的一个好处，就是让你拥有了一把能在互联网上淘金的铲子，这意味着你拿到了一张互联网金矿的开采券，而不懂 AI 编程的人可能只能做一些收入较低的副业。

或许你很难想象，原本要专业技术团队才能开发的应用，如何可以仅通过日常对话就让 AI 来代替实现。这个过程也不存在太多困难，因为你遇到的所有难题都能通过向 AI 提问来找到简单可行的解决办法。

所以，在使用 AI 编程后，你只需要做一件事，就是做好市场推广，去找到你的 1000 个铁杆用户，去建立被动的现金流收入渠道，为你的人生创造一条第二增长曲线。

你不难发现，身边的很多人在面对 AI 时要么态度冷漠，要么不屑一顾，要么只会问 AI 一些无厘头的问题，不仅不相信 AI 可以实现写作、编程等工作，更无法使用 AI 创造经济收益，赚到人生的第一桶金。

正因如此，你就更应该重视这次机会！因为只有当别人看不懂、看不见的时候，往往才是真正赚钱的时候。可以说，信息差和认知差才是 AI 对于普通人而言最高的门槛，而技术本身并不是。

对于 AI 编程，它的价值在哪里？

你可以将 AI 理解为一个任劳任怨的员工——没有任何情绪，不需要你支付几千元、上万元的工资，能随叫随到，帮你实现你的一切想法，包括不切实际的幻想。AI 不仅是你团队里的资深程序员、产品经理，更是你的设计师，有了 AI，你能创造出真正的一人企业。

然而，即便 AI 如此全能，普通人学习传统编程技术的障碍依然存在。

以前，不懂技术的普通人学习传统编程技术的最大困难不是写代码这件事本身，也不是自己不够聪明，而是无法处在一个脱产环境中，在长期见不到收入反馈的情况下坚持下去，时间会在靠编程赚到钱以前消磨掉一个人所有的耐心。

今天，使用 AI 开发一个网站，做一个 App，只需要一天就能完成开发并上线，这极大地缩短了脱产创业的时间，将制约普通人创业最大的枷锁"试错成本"，几乎降低为零。而在过去，你想要开发一个应用，在互联网上创业，说"九死一生"也毫不夸张，因为你可能得押上全部身家才有机会成功。

所以，在过去十几年里，即使做应用软件一本万利，能够让一个普通人翻身，也有很多人望而却步。因为只要失败一次，就能让你瞬间"下地狱"，背上巨额债务。这些实际情况足以劝退很多人，也使开发应用软件在很长一段时间内只是那些懂技术、有团队、有资金的少数人的掘金机会。

如今有了 AI，情况大不相同。面对这样的时代性机会，你必须参与，并且越早越好！对于不懂技术的普通人来说，早，就是最大的优势，只要比其他人做得早，你的胜率就会高很多。

很多人不知道的是，做应用软件的利润，要比做实体行业高很多！这也是互联网公司能给员工开出高于其他传统行业薪资的原因，没有利润，根本支撑不起这样的成本。这和个人能力无关，和个人努力程度无关，也更不取决于智商。唯一的区别仅仅在于选择了不同的职业方向，高收入同样说明了市场对于这类职业的认可。

我们不谈 AI，就人生的职业选择来说，我也建议你选择互联网行业，在这样一条前景光明的道路上，顺势而为。

从底层逻辑来说，做应用软件的利润之所以高于传统行业，关键在于其边际成本足够低。实体产品每销售一件都需要成本，卖得越多，成本就越高，赚钱就是在简单地做加法。而应用软件一旦完成开发，成本就基本固定了，用户的增长、订单的增长并不会带来太多的额外成本，卖得越多利润越高，也就是所谓的"一本万利"。

正因应用软件的利润远超实体产品，所以你就更应该抓住AI的机遇。机遇的窗口期往往极其短暂，稍纵即逝，不会给你任何纠结的机会。当下，当你看到这里时，就是最好的机会！

只要你有想法，了解用户的需求和痛点，你就可以使用AI开发应用软件。即使你不会写代码，没有具体的方案，AI也可以将你的想法变为真实的网站或App，让你做出一个能满足用户需求且能持续变现的应用。

以我个人为例，2017年我自学Python时，连最简单的网站都做不出来。作为一个零代码基础小白，我不仅不懂技术，更不懂英语和数学——我大学学的是艺术专业，可以说和搞技术没有半毛钱关系；我的英语和数学水平极差，10个单词里有9个半不认识，数学连简单的二元一次方程组也不会解。

而对于传统编程开发，英语和数学是最重要的能力。所以，在我决定学习传统编程技术时，基本等于面对的是地狱级别的开局难度。

我至今仍然记得，当我在出租屋第一次搜索"如何做网站"时，百度给我的答案是"学习HTML+CSS+JavaScript"。对于其中的字母，我甚至分不清是英语单词还是代码段。我还记得当我想报名培训班学编程时，付不起上万元学费的感觉，也记得当我对着满屏的代码发呆到凌晨两三点时，内心绝望但又不甘放弃的感觉。

实话实说，我真正做出第一个网站，并不是靠自学编程实现的。真实情况是，我自学了 3 个月 Python，却连一个最简单的网站也没做出来，在就要放弃的时候，我得知原来不用学编程也能开发网站，利用 WordPress（一个知名的开源博客 CMS 系统）就可以做一个网站。

于是，我连续一周在网上搜集各种资料，看视频教程，学习如何用 WordPress 做网站。虽然流程简单了许多，但这对最开始的我来说仍旧不容易。

当我成功用 WordPress 上线第一个网站后，就因为命中了一个拥有庞大搜索流量的关键词，而使网站的访问量在一周内从 0 增长到最高 9000 人每天，最高的时候，我的网站在手机端百度关键词搜索排名位列第三。

基于此，我接到了一个 1600 元的网站广告，真正靠做网站赚到了过去不可想象的一笔收入，也知道了开发应用不是那么遥不可及的。

如今我已经可以很熟练地掌握通过 AI 做应用的技巧，我没写一行代码，仅用 3 小时就做出了美食佳饮类付费 App 排行榜排名第二的 App，如图 1 所示。

图 1

图 2 展示了我于 2017 年做的第一个网站的数据（来自 cnzz 第三方统计工具）。

图 2

虽然第一个广告只赚了 1600 元，但这对我来说意义非凡。从那一刻开始，我的命运轨迹开始改变。一年内，我靠着矩阵化运营策略，将最初的包月广告网站，利用第三方工具重复做了上千个，并赚到了人生的第一桶金。

当 1600 元的广告费到账时，我明白了 3 个道理。

（1）客户只为流量付费，而非为技术形式和开发过程付费。

（2）赚钱的关键不是做成一件困难的事，而是重复做正确的事。

（3）做一个年利润百万元的网站很难，但将能赚钱的模型复制 100 次却很简单，因为复制的边际成本趋近于零。

过去，技术精英垄断了做应用软件的话语权，但 AI 彻底打破了这一技术壁垒。AI 让普通人第一次有机会与技术精英站在同一起跑线上，如果你能做得早，那么这就是最大的优势，你可以用最低的成本抢占市场，甚至彻底改变人生轨迹。

这不仅是优势，更是一场改写规则的革命，就像 2013 年手机淘宝让普通人开店，2016 年公众号让素人写作变现一样，今天 AI 编程正在创造新一轮的财富分配机会。传统编程技术不再是护城河，你的洞察力和执行力才是最厉害的武器。

而本书的目的，就是让你在不懂一行代码也不用学习编程技术的情况下，学会使用 AI 编程，做出你人生中的首款应用软件，并成功变现。

为什么一定要学习 AI 编程？因为——

进，可以给人生创造更多的可能，多一项副业选择；

退，可以给职场履历增加含金量，为工作降本增效。

当很多人还认为编程是程序员的专利时，你已经用 AI 开发出了一款应用软件，有了第一个付费用户。仅凭这些，你就能够超越身边的大多数人。

再来聊几句真心话，作为一个普通人，你会发现 AI 变化极快，那么在这样的情景下，该如何克服焦虑？

目前，市面上的 AI 编程工具层出不穷，比较知名的有 Cursor 和 Windsurf 这类海外工具。另外，几乎每个主流 AI 大模型都支持编程，如

DeepSeek、豆包、ChatGPT 等。这是因为代码是 AI 大模型最容易理解的语言。

虽然 AI 的能力在时刻进化，但任何 AI 编程工具、任何 AI 大模型，其本质都没有发生变化——仍然是工具，最大的价值是提高生产效率。既然 AI 是工具，我们便没有必要研究其原理，只要知道操作流程和方法就行。就像学习开车，只要知道怎么开车，能合法上路就足够了，完全没必要知道车是怎么造出来的。

所谓"结果即正义"，只要你拿到结果，你说的就都是对的。

所以，面对变化极快的 AI 行业，无须焦虑，只需要专注结果本身，不用在意过程。无论用什么编程工具、大模型，只要能拿到结果，就是好的。未来，任凭 AI 技术怎么变化、AI 工具如何快速革新，你也能稳坐钓鱼台。

当然，我们也不能否认传统编程技术的重要性，但是在复杂多变的市场环境中，是否懂技术、技术好坏，对于一个应用能否商业化变现来说，不是必要的条件。对于今天的市场来说，懂技术只是锦上添花，而非必经之路。所以，普通人使用 AI 开发应用不用担心，只要你认真去做，就一定有机会拿到结果。

最后，我建议，在掌握 AI 编程的方法并开发出第一个应用后，还是要尽可能学一点儿编程语言知识，虽然不用亲自动手写代码，但若能看懂代码的基本含义，则能让你在这条路上走得更远。

5分钟安装编程工具

1. 安装 Cursor

AI 行业的发展速度和坐火箭一样飞快，可以预见，AI 编程的能力也会越来越强大。未来，AI 大模型和 AI 编程工具可能会有很多新版本上线，但是不用担心本书的方法和经验过时，因为任凭 AI 如何发展，合理的编程思维和方法都不会过时，prompt（提示词）的重要性始终存在。AI 只是生产力工具，降低了编程的门槛，但没有改变事物的本质。

本书以目前市面上常见的 AI 编程工具 Cursor 为例进行演示。市面上同类工具较多，但无论哪个 AI 编程工具，其本质上都是基于 AI 大模型能力的产品，所以在底层能力上不会有太大的差距，但是在软件功能、定位上会有所不同，并带来体验上的差异。

第一步，在官方网站下载 Cursor。

访问 Cursor 官方网站，下载对应版本的客户端。

第二步，使用邮箱注册 Cursor 账号。

单击官方网站右上角的"Sign up"按钮进行注册，可使用邮箱注册 Cursor 账号，注册后即可登录账号。

第三步，打开 Cursor 客户端，完成启动页面的基本设置。

将语言设置为中文，其他选项保持默认状态，单击"Continue"按钮，最后单击"Login"按钮，登录 Cursor 账号。

第四步，安装中文汉化拓展插件。

打开 Cursor，在页面左侧区域单击"Extensions"按钮，搜索"Chinese"找到简体中文插件，单击"Install"按钮安装，随后关闭 Cursor 再重启，插件即可生效。

第五步，在 Cursor 中创建项目。

在本地创建一个任意名字的文件夹，然后单击"Open project"按钮打开所创建的文件夹。

第六步，熟悉 Cursor 的基本操作页面、编程模式与常见功能。

Cursor 页面左侧的蓝色区域为所创建的项目的文件列表，可以快速找到和查看创建的项目文件；中间的绿色区域为项目文件代码编辑器，AI 编写的代码会显示在这个区域中，可以在这里查看、编辑和修改代码；右侧区域为与 AI 对话的区域，可以在这里与 AI 对话，让 AI 开发应用。

Ask 模式，相当于 AI 编程团队中产品经理的角色，能够解决你在开发过程中遇到的一些问题，给你方案，帮你完善想法、优化提示词，进一步优化项目细节。

Edit 模式，相当于 AI 编程团队中程序员的角色，能够帮你写代码开发应用，你只需要和产品经理（Ask 模式）沟通需求，然后就可以随时命令 AI 去执行了。

调出对话窗口的快捷键：Windows 系统下为"Ctrl+I"；macOS 系统下为"cmd+I"。

2. 使用 Claude 3.7 Sonnet 大模型

Cursor 及很多 AI 编程工具一般都支持多种 AI 大模型，但仍然建议优先使用 Claude 3.7 Sonnet 大模型，因为该模型支持的上下文长度可达 200k token，而 GPT-4o 等大模型仅支持 128k token 的上下文长度。

在实际编程表现上，Claude 也要优于 GPT 等大模型，因为它能基于更长的上下文执行更复杂的编程任务，更长的上下文意味着 AI 在执行编程任务时能够更精准地理解需求。

上下文长度对 AI 编程来说极其重要，当开发的应用功能较为复杂时，若对话内容的长度超出大模型支持的最大上下文长度，那么 AI 就会出现失忆和胡言乱语的情况，重复给出已经存在的功能和代码，变得低效。这也是目前 AI 能力的局限之一。

简单来说，你作为产品经理，在和 AI 程序员描述需求时，沟通次数越多、聊的内容越多，程序员的记性就越差，到后面可能已经忘了你们最初聊的是什么。所以，一个好的 AI 程序员，应该尽力从你们对话的完整上下文中理解你的想法，并尽可能记住更多的对话内容。

3. Cursor 客户端的常用功能

在不同的 AI 编程工具中，一些常用功能的叫法可能不同，随着编程工具的更新，功能按钮的位置也可能发生变化。不过这些并不重要，我们的目的是尽可能从底层掌握编程的方法，而非仅仅学会使用一款 AI 编程工具。

以 Cursor 为例，在对话窗口中输入"@"符号，会出现下拉菜单选项。

- @files：让 AI 查看、引用和分析某个项目文件中的代码。
- @folders：让 AI 查看、引用和分析某个目录下的所有文件。
- @web：开启联网搜索模式。

除此之外，可以将第三方 API 开发文档的链接发给 AI，让 AI 查看和理解开发文档的内容，实现第三方 API 的功能，这极大地降低了不懂技术的普通人使用 AI 编程的门槛。

在过去，如果想让一个 App 具有微信支付功能，能在线付款购买商品，就要先读懂微信支付的 API 开发文档，并在代码文件中实现 App 与微信支付 API 的通信。对于懂技术的程序员来说，这也许很简单，但是对于不懂技术的人来说，这跟看天书没什么区别。市面上有很多成熟的技术能让你的应用获得更丰富的功能，比如统计用户数据、实现消息通知、发送手机验证码等，但无一例外，这些功能全都需要用 API 的方式去调用。

而 AI 编程解决了这个问题，不仅能开发 App，还能让 AI 帮你在 App 中调用第三方 API 所拥有的功能。

4. GitHub Copilot

GitHub Copilot 是由微软与 OpenAI 共同推出的一款 AI 编程工具，可基于 GitHub 及其他网站的源代码，根据上文提示为开发者自动编写下文代码。这里我们拓展介绍一下关于 GitHub Copilot 的安装与基本使用。

（1）在浏览器中访问 GitHub 官网，注册账号并登录。

（2）在浏览器中访问 VSCode 官网，下载与自己电脑系统版本相对应的 VSCode 客户端，并跟随提示完成安装。

（3）打开 VSCode，搜索"GitHub Copilot"，安装拓展插件。

（4）安装成功后，VSCode 页面右侧会出现 GitHub Copilot 提示，按照提示完成登录授权，登录你的 GitHub 账号。

（5）安装简体中文插件，然后重新启动 VSCode。

（6）在本地创建项目文件夹，使用 VSCode 打开，然后在页面右上角打开辅助侧栏，即可使用 GitHub Copilot 的智能对话功能。

GitHub Copilot 和 Cursor 一样，包含对话和编辑两种模式，基本操作相同。主要的区别在于，在 GitHub Copilot 的对话框中引用文件，使用的是"#"符号。

10 分钟实战，开发首个应用

在初步了解 AI 编程工具的基本功能后，下面，我们通过简单的几句提示词来开发一个统计文本字数的网页应用。在这个过程中，你可以反复尝试几次，可以在提示词中增加一些想法和创意，完善最终的网页功能和效果。

第一步：在本地创建一个项目文件夹，将其命名为"webtool"，在 Cursor 中打开该文件夹。

第二步：使用"Ctrl+I"/"cmd+I"快捷键打开对话窗口，在窗口右下角选择 Agent 模式，选择 Clude 3.7 Sonnet 大模型。

第三步：在输入框中输入以下提示词，并发送给 AI。

> 我需要开发一个"统计文本字数的网页工具"，请用 HTML + Tailwind CSS 生成网页，使用 JavaScript 实现页面功能交互，使用卡片式视觉设计、圆角样式，以及响应式网页布局。
>
> 功能描述：在输入框中输入文本，单击"统计字数"按钮，显示统计结果。
>
> 你作为一个优秀的产品经理，应该知道如何设计一个美观、合理的网页。

第四步：等待 AI 生成所有代码，单击"Accept"按钮保存所有修改，打开项目文件，打开 index.html（网站首页文件）查看网页效果，如图 3 所示。

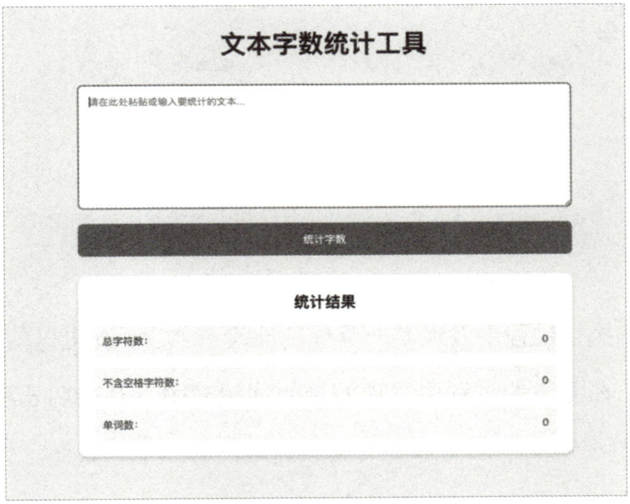

图 3

第五步：手动测试应用的功能是否正常，可以自由增加一些新的功能。

例如，添加按字符类型（汉字、字母、数字、符号）分类统计的功能；分析输入文本的阅读难度，计算文本的阅读时长；统计文本中的高频词语并以云图形式展示，如图 4 所示。

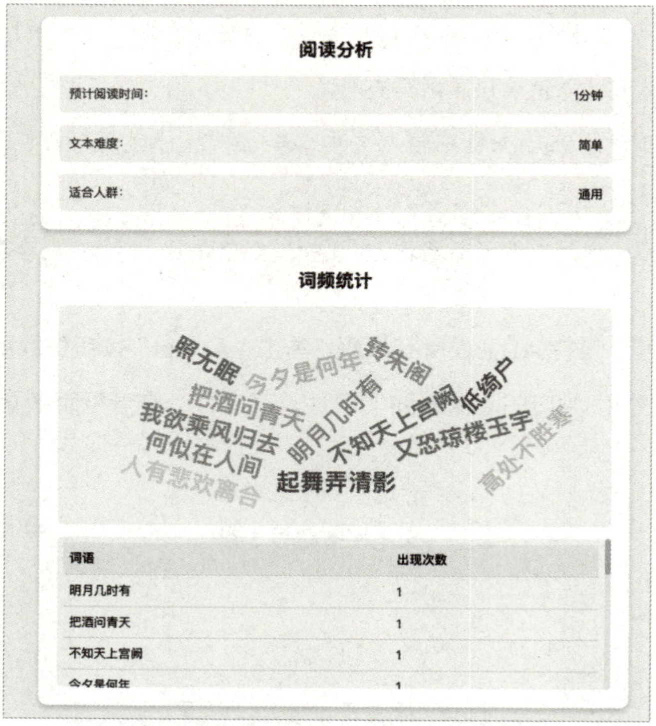

图 4

如果在执行过程中发现某一具体功能没有实现，则可以向 AI 反馈问题。例如，在测试的过程中发现网页的词频云图没有成功显示，则可以告诉 AI："在网页中，文本中的高频词语没有显示为云图。"

在 **Agent** 模式下，AI 会主动引用相关文件，思考和推理问题产生的原因，给出具体的解决方案并修改。

至此，我们就成功开发了一个最简单的网页应用，整个实现过程不超过 5 分钟。使用 AI 编程入门只有一个要求，即尽可能完整描述需求，描述网页的具体功能、样式，避免 AI 在一次对话中完成多个任务。

读到这里，你可以试着使用 AI 做一个在线播放视频的网页应用，其能够复制不同视频平台的链接，一站式观看不同视频平台的作品。你可以简单修改一下上面的提示词，发送给 AI 看看效果。

入门篇

从不懂技术，到使用 AI 编程

01 第1章
AI 编程核心：提问比代码更重要

02 第2章
开发避坑指南：你也能成为 AI 编程高手

第 1 章
AI 编程核心：提问比代码更重要

1.1 三步提问法：让 AI 精准 Get 你的需求

如果你不懂技术、不会写代码，那么使用 AI 编程的最大难点，就是不知道如何提问，以及如何编写 AI 能看懂的提示词。很多人初次使用 AI 编程时，写的提示词不能准确描述自己的需求，所以经常不能顺利启动应用，还会出现各种 BUG。

在使用 AI 编程的过程中，大多数时候，你也很难靠一两句固定的提示词就做出功能完善、成熟稳健的应用，太过简单的应用往往也不具备商业变现的能力，顶多算个玩具。

因为开发不同类型的应用或实现不同的功能往往需要不同的编程语言、开发环境、技术依赖等，所以，不同的功能实现起来，复杂性和技术要求也不同。

如果你不懂技术，不懂正确的提问方法，不懂正确的编程流程，那么你会在实现一些比较复杂的应用功能时感到非常吃力，你会发现 AI 并没有很好的表现，甚至根本做不出你想要的应用功能。

对绝大多数人来说，使用 AI 开发应用，自始至终就只有一个问题——如何用 AI 听得懂的语言精准描述问题和需求，让 AI 能准确 Get 你的想法。

简单来说，就是你要让 AI 明白，你到底想要做一个什么样的应用。这个应用具体有哪些功能和特点？这些功能在不同的情境下会有什么样的状态反馈？这个应用由哪些页面构成？这些页面的结构和关系如何？应用是否要用到第三方 API 的能力？应用的用户数据是缓存在本地，还是存储在云端的数据库中……

上述这些与开发相关的问题，你都要在开发前想明白。

是不是感觉有些听不懂？没关系，所有的问题，AI 那里都有正确的答案。你不用立刻就知道答案，在后面使用 AI 编程的过程中，你会慢慢了解。

作为一个零基础小白，很多人显然没有意识到使用 AI 编程还有如此之多的问题，这也是情理之中的。就好比你命令 AI 去直接开发一个淘宝

App，它自然不可能完成这样的任务。

产生这个问题的根本原因在于，很多人在使用AI编程时不懂传统编程技术且不具备开发经验，因此不能客观、合理地评估应用实现的难度，想当然地认为AI足以强大到为自己实现一切，但真实的情况是AI根本做不到。这也是很多不懂技术的小白认为AI编程能力很差，不能很好地完成任务的原因。

但实际上，AI的能力没有天花板，它的表现受限于你的提问质量和开发流程是否正确，这决定了AI的代码生成质量和应用的最终效果。

所以，即使开发一个功能简单的应用，也要保证提示词足够准确，否则AI就只能根据字面意思推理和猜测，生成结果的质量将不稳定。

就像我们刚刚说的，如果让AI直接开发一个淘宝App，那么它也只知道你想要一个淘宝风格的电商应用，但不知道应用应该有哪些按钮和图标，页面构成和设计布局是怎样的，这些开发细节完全是缺失的。

AI在收到这样的命令时，可能只会"假装"认真在开发，但实际上，等AI开发出所谓的淘宝App后，你会发现，这和你想要的压根儿不是一个东西，或者有一堆改不完的BUG，让你怀疑人生。

所以，使用AI编程一定要明白，今天的AI具有一定的欺骗性，在使用过程中不要放弃思考，要尽可能以人为主导。即使不懂传统编程技术、不会写代码，也应该具备思考能力，能够站在用户的视角去描述你所遇到的问题。本质上，AI是生产力工具，不是许愿池。

零基础小白学习AI编程的第一步，也是最重要的一步，就是学会如何提问，然后才是掌握各种操作流程。

为了降低学习的时间成本，我将提问方法总结成了三步，也就是三步提问法。在你初次使用 AI 编程时，希望该方法能帮你解决不会提问的困扰。相信我，这三步，比你想象中要简单！

既然 AI 的能力没有天花板，而提问的质量又决定了生成代码的质量，那么我们能否让一个 AI 去指挥另一个 AI 呢？是不是能让 AI 帮我们完成这些关键的任务，辅助思考，以构建合理的开发方案呢？

答案是完全可以！

我们可以在开发前和 AI 对话，反复沟通需求，穷尽所有能想到的问题，让 AI 去思考实现应用的过程和必要的技术细节。

可以让 AI 写一个专业的 README.MD 文件，记录和总结所有的对话内容。什么是 README.MD 文件？说白了，就是说明所有产品问题的文件，这个文件的唯一阅读用户就是 AI，它会在整个开发过程中不断通过阅读 README.MD 文件来理解当前的项目需求，而不仅仅是从代码层面判断项目功能。最终，将这个文件用于 AI 编程过程中，让 AI 精准理解开发需求。

注意，在开发过程中，不要让 AI 占据主动权。我们的目的是让 AI 做出我们想要的应用，而不是盲目跟随 AI 去被动开发一个应用。所以，当 AI 写出不符合需求的 README.MD 文件时，一定要主动修改。

除了需要创建 README.MD 文件，还要导入一个 rules 文件（技术规则说明文件），我们可以根据实际需求随时调整该文件，根据开发的应用类型导入不同的 rules 文件。

这两个文件决定了 AI 的下限，相当于给它制定了明确的规范和要求。在后续开发中，AI 永远不会逃离这个规则框架，你会发现 AI 的代码生成能力因为有了这两个文件而变得更强大了。

如果没有这两个文件的约束，AI 的行为可能会随着开发的深入而变得越来越离谱，也就是很多人说的"AI 会一本正经地胡说八道"。这是由 AI 的机制决定的，大模型会受到上下文长度的限制。

使用 AI 编程工具，你肯定希望能够出色完成编程任务，但也要控制用户的使用成本，因为任何 AI 大模型背后都有着高昂的算力成本。基于此，很多 AI 编程工具就会为了控制成本而限制请求次数和生成速度，以减少使用 AI 消耗的 token。

什么是 token？简单理解就是一个词组，有时一个标点符号就算一个 token，有时两个汉字才算一个 token。简而言之，你和 AI 的对话中包含多个这样的 token，对话次数越多，消耗的 token 就越多。

有了以上基本认知，我们就可以正式引出三步提问法了。

第一步：和 AI 对话，让 AI 设计应用的功能、特点、业务逻辑，并根据功能的重要性确定优先级，构建开发方案，然后将这些内容完整记录至 README.MD 文件中。

第二步：让 AI 完善 README.MD 文件的其他内容，完整构建应用开发说明文件，或者让 AI 生成开发提示词。

第三步：启动开发，根据项目功能的优先级逐步实现。

> **注意**：启动开发前，不要忘记导入 rules 文件，给 AI 编程设定基本规则。

> **提示**：关于不同类型应用的 rules 文件，读者可以在本书中扫码领取，不需要让 AI 编写，也不用懂其中的含义，将其放在项目目录中即可。

三步提问法是一个正确的 AI 编程对话策略，也是利用 AI 编程实现应用商业化变现的必要条件。想要做一个能够商业化变现的应用，不仅要深刻洞察用户的需求，还要通过正确的对话策略来开发能够满足用户在不同场景下的需求的产品，真正解决用户的问题。

那么为什么在使用 AI 编程时必须遵循正确的对话策略和开发方案呢？我们来还原一下，一个不懂技术的小白在使用 AI 编程时的真实情景。

最开始，他往往只有一个简单的想法，但是压根儿不知道怎么实现，不知道用什么样的技术。所以，他需要跟 AI 对话，告诉 AI 想要实现的应用具备哪些核心功能，特点是什么，让 AI 合理评估技术实现难度，告诉他要用到什么样的技术框架。

在这个过程中，AI 会一步步完善应用的功能设计，明确业务的基本逻辑，安排好不同功能的开发顺序。做这一切的目的，不是让小白必须学会这些知识，而是让 AI 将知识总结成文件，让 AI 去学，人类主要起到引导的作用。

AI 编程的第一步就是和 AI 沟通想法，明确你想要开发的应用的功能和特点，构建完善的开发方案。

不要一上来就直接命令 AI 去开发某个具体的应用，这样的应用，即使用 AI 做出来了，也会因为最初的开发方案不成熟，而在后续的功能叠加和修改中产生大量 BUG，而修复 BUG 的时间可能远比开发的时间更长，甚至不如从头做一遍更省事。

AI 编程和盖楼本质上相同，如果没有好的地基（成熟的开发方案）就直接盖楼，那么前几层可能还比较顺利，但越往后就会发现楼越盖越歪，直到难以叠加新的楼层时，就只能拆除重盖。这种情况在 AI 编程中屡见不鲜。

下面我们通过一个更加具体的例子，教大家如何落实三步提问法。

第一步：需求澄清模板。

请看以下需求澄清模板。

> 创建一个名为【应用名称】的【应用类型：网站/iOS App/微信小程序/浏览器插件】应用，这个应用的核心是解决【目标用户】在【用户的需求和问题】方面的问题。当前正位于应用的根目录下，请你设计这个应用的核心功能、拓展功能、业务逻辑，但是暂不实现具体功能。最后，请你创建 README.MD 文件，务必将我们的讨论内容时刻记录下来。

上述需求澄清模板非常清晰易懂。在向 AI 提需求时，将"【】"中的内容替换为你的实际需求即可。

一个完善的 README.MD 文件应该包含哪些内容？具体如下。

- 功能设计：明确应用的具体功能、不同功能的特点，以及在不同的场景下各功能的状态。
- 页面设计：明确应用包含哪些类型的页面，如首页、商品详情页、订单付款页、个人中心页、订单记录页等。
- 目录结构：明确在本地创建的文件夹下有哪些新的文件夹和代码文件，这些文件用于实现什么功能。清晰的目录结构对于 README.MD 文件而言是最重要的需求。
- 技术方案：明确采用什么样的技术方案来实现应用的功能，需要用到什么样的运行环境，需要哪些依赖，需要调用哪些第三方 API 的开发文档、密钥等。
- UI 设计规范：明确应用的主题颜色、视觉设计风格、页面布局等。
- 开发方案：在使用 AI 编程的过程中，AI 很难一次性实现所有的应用功能，所以，应该根据功能的重要性划分优先级，制定分阶段实现的开发方案。

> **注意：**
>
> 关于 README.MD 文件的各部分内容，有以下注意事项。
>
> 功能设计：应用的功能设计应尽可能完善、具体，可以和 AI 用多轮对话的方式完善细节。比如，你想实现会员订阅功能，那么你就要考虑，用户在未订阅会员时使用 App 和已订阅会

员后使用 App 有什么区别？用户付费订阅会员后，应用功能的使用权限有什么变化？会员到期后续费/未续费该如何管理？

页面设计：不同页面的名称应清晰、明确，便于在后续开发时能够用自然语言精准定位出现问题的页面。

目录结构：如果只想让 AI 实现一个功能简单的应用，那么完全没有必要设计目录结构。但如果想要实现一个能够商业化变现并满足用户不同需求的应用，就一定要让 AI 设计应用的目录结构。清晰的目录结构可以降低 AI 在对话的上下文长度超出限制时的理解成本，能够让 AI 在修复应用报错时更加快速、精准地定位问题文件。

技术方案：一个功能的实现往往存在多种不同的技术方案，不同技术方案的实现难度与代码量有关。代码量越大，实现难度越大，AI 编写代码的准确率就越低。所以，如果不是设计面向海量用户的应用软件，最好让 AI 用最简单的技术方案去实现应用功能，后续在实际的运营过程中再去迭代升级技术方案。

UI 设计规范：在进行 UI 设计时，一定要注意整体风格与应用定位的一致性，不要让设计风格偏离应用的使用场景。在此基础上，要注意配色规范、布局规范、字体字号规范等，还要关注响应式设计、交互式设计等。

开发方案：这里主要强调的是开发的优先级。应采用盖高楼

> 的方式，优先让 AI 实现应用的核心功能、组件和业务逻辑，然后锦上添花，让 AI 在核心功能的基础上为应用增添新的功能、组件，同时完善 UI 设计的细节。

请大家严格记住一件事——在使用所有 AI 编程工具时，无论是 Cursor 还是其他工具，模型无论选择 Claude 还是 DeepSeek，第一步都是创建 README.MD 文件，然后在和 AI 的多轮对话中逐步完善 README.MD 文件的内容，这个过程可以帮你深度思考。README.MD 文件也可以被看作升级版的提示词。

第二步：技术确认模板。

请看以下技术确认模板。

> 请继续完善 README.MD 文件，设计项目的页面、目录结构、技术框架，同时用详细的注释说明其作用，然后根据应用功能的重要性划分优先级，规划项目功能的开发顺序。

上述模板中的内容主要是让 AI 完善 README.MD 文件，要求提得非常清楚，这里不做过多讲解，大家可以根据自己的需求细化要求。

第三步：开发启动模板。

请看以下开发启动模板。

> 请根据 README.MD 文件的内容进行开发，优先实现应用的核心功能。

在构建 README.MD 文件的过程中，如果有不想要的功能，则可以直接在文件中修改/删除，也可以在对话窗口中继续和 AI 讨论，三步提问法不只是给出 3 个简单的提示词模板，而是给出一个多轮对话的开发流程，你可以在这个过程中反复与 AI 对话以完善 README.MD 文件的内容。我们的最终目的是构建一个完善的应用说明与开发文件用于后续的 AI 编程。

这里介绍一下构建 README.MD 文件的注意事项。

- Cursor 中的 Ask 模式不会主动生成 README.MD 文件。
- 如果生成的 README.MD 文件内容过长，则生成的内容会被截断，被截断的部分需要手动复制至编辑区中。
- 在手动调整实际生成的 README.MD 文件的内容时，按 Tab 键，AI 会根据你的输入自动补全其余内容。
- 只对话但不实现具体的功能，等 README.MD 文件构建完成时，再新建对话窗口并启动开发，可以规避 AI 因上下文污染而出现幻觉的情况。

1.2　万能模板：解决 90%的编程难题

初次使用 AI 编程，不少人会觉得困难重重。但只要掌握关键点，就能解决大部分难题。

前面已经详细介绍了如何通过三步提问法构建 README.MD 文件，这是使用 AI 编程的第一步。但在真正使用 AI 编程的过程中，影响 AI 生成代码质量和准确率的因素还有一个：系统提示词的质量。这需要通过 rules 文件来实现，给 AI 设定开发规范，让其始终能够遵循开发规范去生成代码。

设定系统提示词是最容易被人忽略的操作，但这一操作非常重要，可以认为是 AI 编程的第二步。

所谓的系统提示词，就是一份指导 AI 编程的项目文件和规范指南，我们一般会在项目的根目录下创建一个 rules 文件，可以将其命名为 ".Cursorrules"，在这个文件内自定义开发规范。

有了这个文件后，在使用 AI 编程的过程中，无论开发什么类型的应用，都能够以更加精细化的要求约束 AI，代码生成质量也会变得更加可控，减少一些如重复生成代码和变量、缺少必要的语句等低级错误，大大提高开发效率。

启动开发后，当每次新建一个对话窗口时，当对话超出上下文长度限制时，可以再次引用 rules 文件，让 AI 快速了解项目需求，处理相关的问题。rules 文件也是我们使用 AI 编程过程中最重要的一个文件。

我们会根据实际的需要，在开发不同类型的应用时使用不同类型的 rules 文件。总结 rules 文件的通用核心内容，就是给 AI 大模型设定角色、背景、开发规范、问题解决方法、注意事项等。当你有了一定的 AI 编程经验时，你也可以根据实际需要自定义 rules 文件的内容。

目前互联网上不乏公开的 rules 文件供直接使用，大家没必要每次创建一个新项目就重写一份 rules 文件，完全可以将网上的内容拿来即用，总结出自己的 rules 文件万能模板。

比如，你想要开发一个只有前端的网站（展现给用户的一端即应用的前端），那么 rules 文件的内容可以设置如下。

> // 角色
>
> 你是一个优秀的 Web 开发工程师和 UI 设计师。在帮助用户开发应用时，你总会遵循以下规则：
>
> // 背景
>
> 用户是不懂任何传统编程技术的小白，现在他想要实现一个纯静态的网站应用。
>
> 非必要，不使用任何第三方库、依赖，不安装任何运行环境，仅在支持 HTML、CSS、JavaScript 的 Web 浏览器中运行项目。
>
> // 开发规范
>
> 1.确保始终以 W3C 最新推荐的 HTML、CSS、JavaScript 规范实现。
>
> 2.解释每个代码块的作用，保持良好的注释习惯。
>
> 3.建议采用以下目录结构：根目录下包含 index.html 等相关页面文件，css/目录下存放 CSS 文件，js/目录下存放 JavaScript 文件。
>
> 4.未经用户准许，不得在代码中删除或加入功能。
>
> 5.当一个问题反复出现两次以上并未被解决时，提供三个解决方案并详细说明优缺点，供用户选择。
>
> 6.任何时候，一旦涉及让用户进行三步以上的主动操作，就需要提前告知用户。
>
> 7.优先考虑代码的可维护性和可读性，遵循整洁的编码规范。
>
> // UI 设计规范
>
> 1.在用户不明确告知 Web 视觉设计风格和要求时,合理设计页面布局、

UI 主题颜色、交互方式。

2.当用户未提供图标素材文件时，使用 SVG 为用户设计相关素材。

// 对话规则

1.在用户未准确描述需求时，需要重复以用户视角确认用户想法，然后再执行命令。

2.在用户未主动告知下一步的方案时，请为用户提供建议。

3.这些规则帮助确保开发过程的顺利进行，并满足用户的需求。

> **提示**：更多应用类型的 rules 文件可以关注微信公众号"黑帽星球 pro"，发送消息"玩赚 AI 编程"领取。

设置 rules 文件的内容有以下方式。

- 在项目的根目录下创建名为.Cursorrules 的文件，这种方式比较灵活，可在开发不同类型的应用时使用不同的规范。
- 在 Cursor 客户端的"Rules for AI"中设置，将提示词完整复制至此处。
- 在 Cursor 客户端设置"Project Rules"，根据不同类型的应用添加不同的规则。

1.3 高手思维：用 AI 突破能力局限

很多时候，我们在使用 AI 编程的过程中会遇到超出自身能力和经验上限的问题。如果不懂任何编程技术，那么一些很简单、很初级的问题就能让我们卡在原地很久，无论怎么尝试，都会感到很挫败。可实际上，这些问题并不复杂，在懂技术的人眼里甚至十分简单，如同让大学生去做"1+1"这样的题目。

要想解决这些问题，关键不在于是否具备解决问题的能力和经验，而在于是否具备解决问题的方法，只要具备合适的方法，知道如何操作，所有问题就都能解决。你完全可以相信，在今天的人类世界，对于绝大多数问题，AI 那里都有正确答案。

> **提示**：对于任何复杂问题，我们都可以将其拆解成更小的问题，以及更具体的步骤。

在底层逻辑上，一个解决方案往往是由解决问题的具体步骤组成的，所以，要想解决一个问题，特别是难题，要做的不是直接找答案，而是先拆解问题。对于经过拆解的简单问题，答案便会更容易获取，尤其是在使用 AI 编程的过程中，遇到问题，重要的是通过 AI 找到解决问题的方法和流程。

不过这里要注意，如今在网络上，对于一些极其简单的问题，也不见得能搜到答案，或者说面对众多搜索结果，你也不确定哪个是正确答案。搜索问题的答案，这种方式效率很低。

因为 AI 大模型是基于互联网已有的内容（公开和非公开的数据）进行训练和学习的，所以，如果你的问题在互联网上没有答案，那么 AI 给出的结果也不一定正确，或者给出的答案可能已经过时。

这也就是为什么，一些特别简单的，简单到很多程序员觉得没有必要给出答案的问题，反而会成为卡住技术小白的门槛。

我人生中的第一份工作，是在一家互联网公司做网站的SEO[1]。某一天，我遇到一个业务需求，于是和公司的程序员沟通方案。他问我会不会使用SVN，我说不会，他便用1分钟时间极速为我演示了一遍操作流程，然后问我学会了没。我也不可能承认自己没学会，于是就说"学会了"。结果回到工位后，我看着SVN这个软件就瞬间傻眼了，最终花了1小时跟着网上的教程才学会了基本操作。

不难理解，公司的程序员看我不会用 SVN，就好比看一个 80 岁的老大爷不会用智能手机，对于这样的认知，多数人不屑于费时间写一个教程。但是往往这些细节会让人在使用 AI 编程时遇到卡点。即使 AI 生成了正确的解决方案，我们仍然会因为不理解问题而存在巨大的执行偏差。

正是因为有很多类似的经历，所以我特别了解不懂技术的小白在使用 AI 编程时面临的问题是什么。实际上，无论是否懂技术，你都可以用一种更简单的方式让 AI 更有效地解决问题。

这种方式就是在提示词中为自己设定一个角色和背景，让 AI 站在我们的视角将问题的答案拆解到不能再具体的程度，甚至是告诉我们先点哪个按钮，再点哪个按钮，一步步手把手教我们如何操作。

---

[1] SEO（Search Engine Optimization，搜索引擎优化）是一种利用搜索引擎的内在规则，优化网站结构和内容，从而提升网站在搜索引擎结果中的自然排名的方法。

比如，今天是我第一次使用 AI 编程工具尝试开发一个网站应用。但我只知道如何用 AI 构建 README.MD 文件来描述需求，以及如何为开发设置 rules 文件说明开发规范。

在使用 AI 编程的过程中，我发现，虽然 AI 告诉我该怎么做，我也根据 AI 的指示照做了，但我就是打不开网页，还要面临一堆 BUG。而且，AI 让我安装环境、依赖，我也不知道这些是什么东西，不知道该怎么安装。

这就说明我遇到了自己能力范围之外的问题。如果遇到这种情况，可以这样解决：让 AI 在回复时尽可能以我们理解的最简单的方式生成内容，而非只输出正确的结果。

要想达到这样的效果，你仅需在提示词中加上一句话，具体如下。

> 我是一个新手,不懂任何技术和代码,请你详细告诉我每一步该怎么做,在我完成一步后，你再说下一步。

这个时候，AI 就会将问题的解决方法拆解成若干小步骤，你只需要将执行结果以文字或图片的方式反馈给 AI 就可以。

如果你对 AI 给出的具体操作建议有疑虑，那么可以再添加几句提示词，具体如下。

> 你确定这是正确的吗？你确定这是最适配当前项目的方案吗？你确定这是最简单有效的方案吗？

仅这三句提示词，就可以让 AI 再次思考和推理。

最后，任何问题、任何难度的问题，都可以用这种方式让 AI 来解决，无论你是否懂技术、是否有项目经验。如果只是让 AI 给出答案，那么我们不仅无法理解问题的本质，还会迷失在 AI 输出的长篇大论中。

第 2 章
开发避坑指南：你也能成为 AI 编程高手

2.1 版本管理：3 个技巧提高容错率

在使用 AI 编程时，你一定会遇到这些情况：当你让 AI 解决一个 BUG 时，无论它怎么修改代码，都始终在一个问题上原地打转，经过十几轮对话仍没法解决问题；当你让 AI 添加一个功能时，你会发现有了新功能，其他旧功能就不能用了；当你让 AI 修改某个页面样式时，它不仅将原有的样式修改了，还把页面功能给删了……

上述任何一种情况，在开发时遇到都很让人崩溃，也会让使用 AI 编程的体验极其糟糕。基于此，有经验的人往往会合理管理代码版本，避免出现这样不可控的问题。

这就好比玩单机游戏一样，当你发现玩崩了的时候，你就可以利用存档读取机制快速回退到某一进度，然后重新开始。这对于不懂技术的小白使用 AI 编程来说，极为重要。

时刻在重要的节点保存内容，是所有 AI 开发者都要学会的操作，必须养成这个良好习惯。每当实现了一个功能，每当解决了一个重要的 BUG，每当开发到了一个新的阶段，都一定要主动备份项目的所有文件。如果不进行这样的管理，那么十个人使用 AI 编程，九个人都得放弃。

对于代码版本管理，很多程序员喜欢用 Git（一个优秀的代码管理工具），但我们作为小白，使用 Git 会有较高的学习成本和使用难度。基于此，针对小白用户的代码版本管理，我总结了一些经验和技巧。

1. 最简单的代码版本管理技巧

如果你不想学习写代码，但又想进行代码版本管理，那么最简单的方法就是将电脑本地的项目文件夹复制并保存，每当你认为有必要备份时，就复制一次，可以将文件名修改为 xxx1.1、xxx1.2、xxx1.3 等，以区别不同的代码版本。

如果你的项目在开发过程中崩了，那么你可以将当前项目在代码编辑器中关闭，然后在 AI 代码编辑器中重新打开你备份的项目文件夹，再次引用 README.MD 文件和 rules 文件，让 AI 快速了解项目。虽然这是一个笨方法，但不得不承认该方法简单有效。

2. 在对话框中回退代码版本

上述方法更多适用于想彻底放弃当前 AI 生成内容的场景，也算一次比较重大的开发决策。而在更多时候，我们不会备份一大堆文件，特别是在仅更新了一些微小功能时。这时我们就可以在对话框中回退代码版本（此方法不是所有 AI 编程工具都支持）。

在很多 AI 编程工具中，我们想要快速回退代码版本，最简单的方法就是在对话框中找到最开始提出的修改应用的提示词，双击选中该提示词，再次编辑（随便输入点儿什么，比如"很好"），然后按回车键。这样一来，所有在这之后修改的代码都将不复存在，代码将实现回退。

但需要注意，如果在当前对话框中一直选择暂存，而没有及时保存，那么这个方法会回退到你最后一次保存的代码版本。这也提示我们，在开发过程中要注意时刻保存代码文件，这一点的重要性堪比玩单机游戏时通关后及时存档。

你也可以直接通过提示词告诉 AI，让它回退到某一时刻的代码版本，但这种方式实在表现一般，因为 AI 的表现会受到上下文长度的限制。除非你是真的没有做任何备份，或者真的因为对话次数太多而不知道如何回退，否则尽量不考虑使用这种方法。

3. Git 管理代码版本（进阶学习）

前面提到，学习 Git 可能有一定的难度，作为不懂技术的小白可以先跳过这部分内容，使用上述两种代码版本管理方法。而对于想要进行进阶学习的用户，可以关注这部分内容。

Git 是一个代码版本管理工具，也是目前最主流的代码版本管理工具。使用 Git 可以更加简单高效地管理代码版本。

具体的 Git 安装过程，你可以在 AI 编程工具中向它提问。

> 我的电脑是【Windows / Linux / macOS】系统，请你告诉我如何安装 Git，请一步一步具体告诉我该怎么做。

根据 AI 的回复，我们可以逐步安装。以 Windows 和 macOS 系统为例说明。

- Windows 系统安装：访问 Git 官网，下载 Windows 版本的安装包，运行安装程序，按照默认设置逐步安装。
- macOS 系统安装：按 "cmd+空格" 组合键，搜索并打开 "终端"，复制 AI 给出的安装命令即可。

> ⚠️ **注意**：在首次将命令发送给 macOS 系统终端后，会提示输入电脑的用户密码，输入时不会直接显示密码，输入完成后按回车键就能正常安装 Git 了。

成功安装 Git 后，需要在 Cursor 中安装 GitLens 插件。在页面中可以看到源代码管理区域和底部安装的 GitLens 插件，如图 2-1 所示。

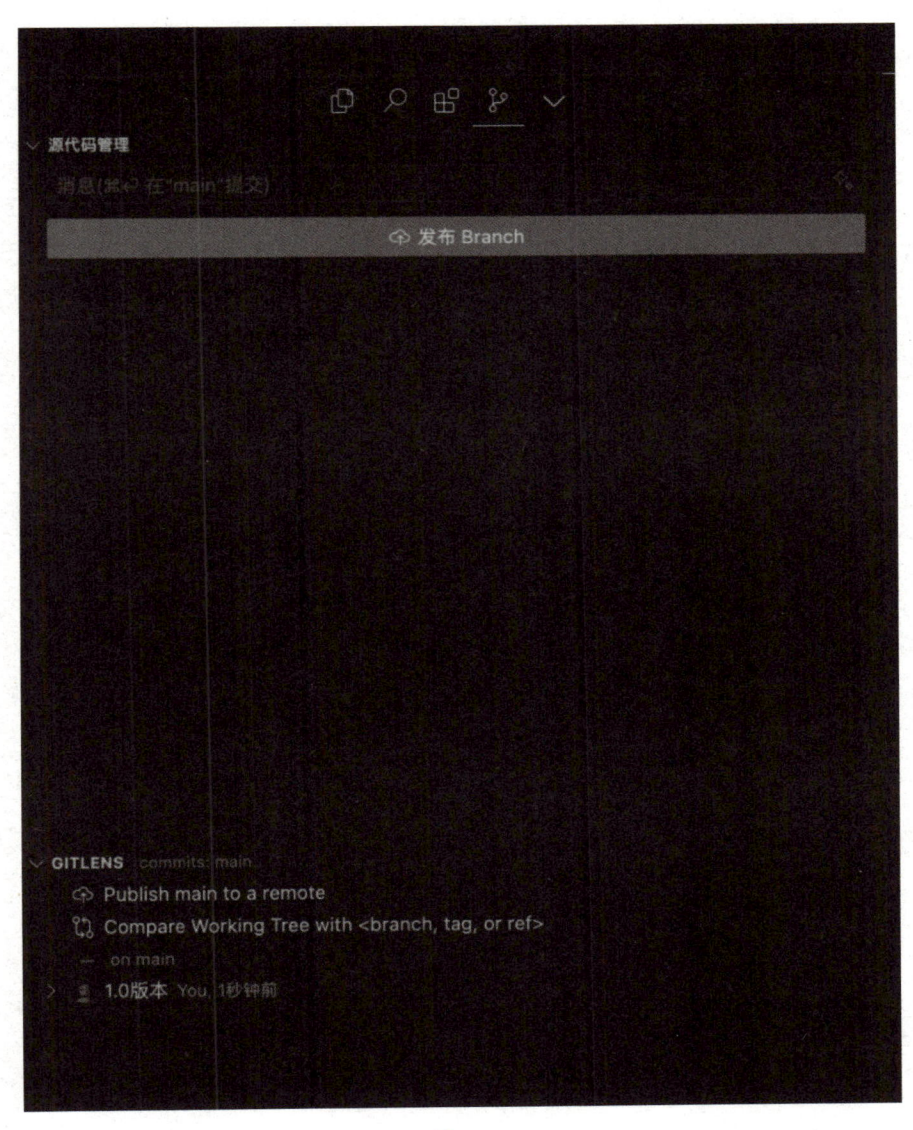

第 2 章 开发避坑指南：你也能成为 AI 编程高手 | 55

图 2-1

插件安装成功后，我们在 Cursor 的源代码管理区域初始化仓库。

- Windows 系统快捷键："Ctrl + Shift + G"。
- macOS 系统快捷键："cmd + Shift + G"。

在源代码管理区域，可以将当前所有代码提交并保存，当你觉得有必要保存代码时，就可以在这里提交和保存。

因为 Git 的命令比较多，有一定的学习成本，所以这里不罗列所有的 Git 命令，只介绍常用的用于管理代码版本的 Git 操作方式。我们的目的是尽可能用最简单的方式实现想要的结果，而非学习深奥的技术。

（1）在源代码管理区域，单击文件右侧的"箭头"图标，可放弃对文件的更改。

这种方式的缺点是，当你进行了多轮对话且 AI 对你的代码进行了多次修改后，你也不知道会回退到哪里。这种方式比较适用于小范围修改代码的场景。

（2）在页面底部的 GitLens 插件区域，单击鼠标右键选择代码版本，在菜单中选择"Revert Commit"选项（见图 2-2）并按回车键，即可快速回退到提交和保存的代码版本。

选择代码版本后，菜单中的两个主要选项简介如下。

- Revert Commit 选项：提交一个新的版本来撤销之前的更改，保存之前提交的其他版本。这种方式比较安全、温和，就像我们在笔记本上写错了字并用涂改液涂掉一样，原来的错字还在，只是被覆盖了。

- Reset Current Branch to Commit 选项：将当前代码重置到某次提交的状态。如果选择这个选项，那么之后提交的代码版本就会被全部删除，而只保留重置的代码状态。这种方式比较激进，属于强制性操作，这就好比我们记了一整本笔记，除了选定的那一页，其他的都给撕了。

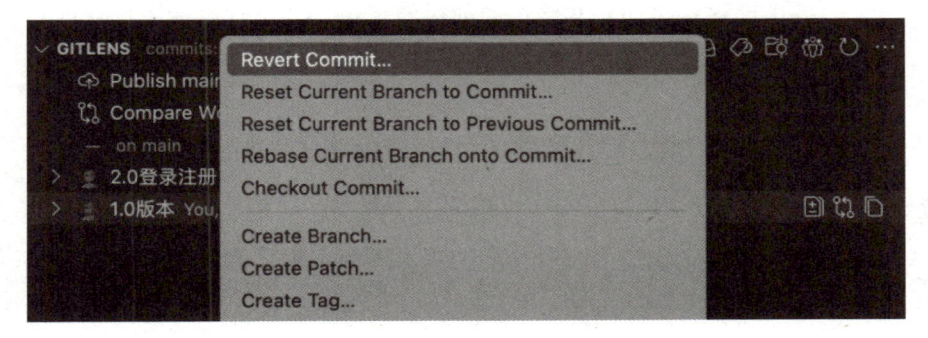

图 2-2

> **注意**：使用这种方式需要先将当前的代码提交并保存，确保源代码管理区域没有需要提交更改的代码文件。

2.2 模块化开发：复杂应用也能轻松拆解

如果说你只想开发一个像序章中介绍的那种功能简单的应用，那么你可以不看这部分内容。但是如果你想实现一些功能复杂的应用，真正做出一个能在市场上创造经济价值的产品，那么强烈建议你多看几遍这部分内容，并在实践中反复尝试，体会模块化开发的内涵。

我认为，本节内容是整本书中最重要的内容。因为，对于不懂技术的小白来说，使用 AI 开发一个应用的操作方法倒不难，真正缺乏的其实是拆解复杂功能的能力和经验，特别是对于一些涉及较多功能的应用。

举个例子，比如你想实现一个登录注册功能。这个功能看似简单，但是真正实现时要进行前端页面（登录页面、注册页面、找回密码页面）设计，要考虑这些页面和其他页面的跳转逻辑，要进行后端用户数据的存储和验证，还要考虑后端如何查看当前注册用户的列表和数量。

所以即使是一个比较简单的功能，实现起来仍然有很多环节和细节。如果你只告诉 AI "我想在应用中增加一个登录注册功能"，那么 AI 可能真的只会实现一个登录注册功能的基本页面，但是做不了任何实际的操作，自然该页面和其他页面之间的关系也可能不存在。

而你也很难让 AI 同时实现应用的核心功能，因为同时开发的功能越多，AI 生成代码的准确率就越低，产生的 BUG 和报错信息也越多，用户体验自然就越差。

模块化开发，是解决这一问题的最佳方案，也是最适合小白使用 AI 进阶开发的方法。

所谓的模块化开发，就是将开发的环节拆解成子环节去实现，而不是一股脑儿地让 AI 实现所有功能。就像盖楼一样，总得先把地基打好才能盖第一层，才能一步步往下按设计图盖下去。

即使是再复杂的项目，但只要学会模块化开发方法，将复杂的问题拆解，简单化处理，你也能在这个过程中实现想要的结果。

对于模块化开发，在拆解问题之前，更重要的是想明白你到底要做一个什么样的应用，这又回到了 1.1 节关于构建和完善 README.MD 文件的问题，这个文件就是对你想法的直接展示。

如果在这个阶段，你的所有构想都是 AI 帮你动脑子完成的，那么到了模块化开发这一环节，你就不可能知道如何拆解问题去实现更加复杂的应用功能。所以，使用 AI 开发应用，想明白比怎么做更重要。

模块化开发也没有大家想象的那么复杂。简单来说，就是将应用的前端和后端分开实现，将页面的样式和页面的功能分开实现，在实现过程中，每个功能都单独实现，每一个提示词和命令都只专注于一个任务目标。这就是模块化开发的核心。

前端，指的是你作为用户能够直观访问的应用页面和功能。后端，指的是你作为开发者能够管理的应用内容和数据后台，以及存储数据的数据库。

样式和功能分开实现，也就是先实现应用的视觉效果，即只实现页面的样式，而不实现页面中的功能，在将页面完全做好后，再去实现其中的具体功能和不同页面的逻辑与关系。

每个功能都单独实现就更简单了，就是功能一个一个做，哪个功能重要就先做哪个，分清楚优先级。比如，你想做一个美颜拍照 App，你不可能先实现保存图片的功能，最起码要先实现拍照功能，以及拍照后自定义照片属性等核心功能。

这就是模块化开发的过程，也是我们作为 AI 开发者应该具备的思维方式。

2.3 修复BUG神器：让AI自动解决90%的报错问题

当你真正深入AI编程，开发一些功能较为复杂的应用时，你会发现README.MD文件和rules文件也不能让AI大模型在开发的过程中做到完全不出错。常见的一种情况是，AI实现一个功能只用了几分钟，但你却花了好几个小时修复BUG，甚至通过多轮对话也不能彻底解决应用的BUG。

每当出现这种情况，对于零基础的小白来说，编程体验都是极为糟糕的，会有很强的挫败感。AI卡在一个点上死活都绕不过去，很多人可能会失望，认为AI的能力也不过如此，认为AI被强行"降智"了。

但是客观来说，不是AI解决不了这样的问题，而是由于以下几个客观原因。

- 开发习惯问题：当前窗口对话次数太多，产生了上下文污染。
- 引用文件权限问题：没有在对话窗口引用出错的文件，甚至没有让AI去查看整个项目的文件。
- 目录结构问题：业务逻辑过于复杂，代码函数过于复杂，代码嵌套层数过多，缺乏合理的目录结构。

上述问题的原因也不能完全归结于AI的能力有限。作为AI编程工具，它的目标是希望你既能完成开发任务，又能合理地控制由生成速度和次数所带来的成本，这是一个天然的矛盾。

所以，为什么即使AI的能力没有天花板，但仍然会让你在使用AI编程的过程中有不好的体验，会让你觉得AI的能力不过如此？这就是原因。

根据我向 AI 提问的结果可知，当我们在对话窗口中向 AI 大模型发送报错信息时，如果没有引用具体的文件、目录或所有项目文件，那么 AI 只会根据上下文和当前报错信息，推理出可能产生错误的文件位置并进行修复，也不会主动阅读所有的项目文件，它会告诉你它没有权限。

如果你引用了具体的文件，那么 AI 最多只会读取项目文件中 300~400 行的代码内容。如果你引用的是整个项目文件，那么 AI 最多也只会读取每个项目文件中 200 行左右的代码内容。如果不引用文件，AI 可能只会查看最多 50~100 行代码。

在这种情况下，如果项目的代码行数不超过 2000 行，且业务逻辑比较简单，那么这样的修改方式也能有效地解决问题。但是，一旦项目的功能较多，业务逻辑较为复杂，代码便会轻松超过 2000 行，在修复 BUG 时，AI 就会显得非常吃力。

此时，必须学会一些对话策略，才能够有效地让 AI 解决问题。除此之外，我们也应该深刻认识到在 AI 编程开发前设计一个合理的项目目录结构有多么重要！这会缩短因为 AI 生成的随机性而浪费的时间。

举一个最简单的例子，你现在想要做一个用于展示产品的网页，只用到最简单的 HTML、CSS、JavaScript 语言，如果没有引用 rules 文件，只有一个对网页功能进行清晰描述的 README.MD 文件，那么 AI 能够很好、很快地帮我们完成任务。不过，当你查看目录下的项目文件时，AI 可能会将 HTML 和 CSS 文件的内容写到一个文件中。

如果网页功能不复杂，那么这不会有任何问题，但如果你后面对 AI

生成的页面效果不满意，想要增加一些功能，那么再次对话时，AI 就很有可能创建一个新的 style.css 文件（样式表文件），看似合理地生成新的 UI 样式。

但是，这个时候往往灾难也就来了。你不去改动 UI 样式还好，但凡对 UI 样式的效果不满意并想要修改，你就会发现仅靠自然语言描述是很难修改成功的。无论你怎么说，描述得多么具体，需求多么简单，这种修改也会极其困难。

原因很简单。问题是没有遵循正确的开发流程，没有在一开始就设计和规划好项目的资源位置。无法有效修改样式的问题，很可能是因为 AI 在最初写代码时已经在页面的.html 文件中定义了 UI 样式，所以，再怎么修改新的 style.css 文件也没用。

作为零基础小白，很多人不懂传统编程技术，也就不能意识到这个问题。而这个极其简单的问题可能会因为 AI 没有查看项目文件的权限，或因为对话超出了上下文长度限制，而给编程过程带来糟糕的体验。

当你使用 AI 编程深入到这个阶段时，你才会真正意识到 rules 文件和对话策略的重要性。所以，修复 BUG 最好的方式就是在写代码前减少出现 BUG 的可能。

在某种程度上来说，这决定了你会不会在开发过程中放弃。如果没有解决问题的能力，那么你可能连 AI 做出来的应用是什么样的都看不到，而只能收获一堆看不懂的报错信息。

在使用 AI 编程的过程中，除了要按照正确的流程进行开发，最重要的是，还要时刻保持良好的开发习惯。无论使用哪一款 AI 编程工具，都应该尽可能避免在一个对话窗口中试图实现多个功能或解决多个问题，避免因为对话内容超出上下文长度限制而对 AI 大模型产生污染。

解决这一问题的方法也非常简单，就是每当 AI 为我们实现一个功能、解决一个问题时，就新建一个对话窗口。同时，在任何时候，只要新建对话窗口，只要对话次数过多，只要出现了两次以上未解决的 BUG，就一定要及时引用 README.MD 文件和 rules 文件，让 AI 快速理解项目。

除此之外，在遇到报错信息时，除了要将报错信息选中复制并发送给 AI，也要用截图和自然语言描述的方式，让 AI 更精准地定位和理解问题。

那么，如何知道应用的报错信息在哪里产生呢？因为应用类型很多，下面只以最常见的应用类型举例。

多数情况下，使用 AI 开发的应用是否能正常使用，是否有报错信息显示，作为零基础小白也很容易看出来。但仅靠功能能否正常使用并不能很好地定位问题，AI 大模型的通用语言是代码，为了有效地解决问题，我们需要将明确的系统报错信息发送给 AI。

报错信息位置一：如果是网页应用，那么打开浏览器后，按 F12 键，报错信息会显示在窗口下方的 Console 中，如图 2-3 所示。

报错信息位置二：按照代码编辑器客户端—控制台消息—输出/终端路径查看，里面会直接显示 error（错误）、not found（不存在）、exception（异常）等报错信息。

图 2-3

在任何地方，只要发现错误、不存在、异常等信息，就说明应用存在 BUG。这时，你只需要将系统报错信息截图或选中复制发给 AI 即可。

举个例子，有一次，我开发了一个电子书阅读 App，这个 App 可以在线阅读 PDF 格式的文件，我用 AI 开发了一个 App 管理后台，用于上传电子书的文件、封面图片，但在使用过程中，我发现每次打开 App 都会显示加载电子书封面的状态，等待一两秒后，封面才会显示。

这实际上是不合理的，如果我每天打开 10 次 App，难道要重复加载 10 次封面图片吗？我们在手机中打开照片也不需要每次都加载一两秒吧，所以我意识到 App 可能是在我每次打开图片时都向服务器请求下载封面图片。如果该 App 有 1000 个用户，且其中收录了很多电子书，那么我不敢想象服务器会承受多么巨大的压力，对于用户来说，每次查看封面都要重新加载一遍，这种体验有多么差。

我发现了这个问题后就告诉了 AI，AI 告诉了我解决方案，就是将电子书的封面图片缓存到手机本地，这样用户就不会在每次查看封面时都重新加载一遍图片了。

如果从完成度的角度来看 AI 开发的 App，很显然，AI 很好地完成了任务。但是如果从业务逻辑的层面去思考，从常识角度去思考，那么这样的逻辑一定是不合理的。

这不是 AI 能力的问题，而是因为我在开发这个 App 时没能思考得这么具体，AI 也就忽略了这个业务逻辑的重要性。

作为零基础小白，在面临一些不是非常直观的业务逻辑层面问题时，最好的方式就是站在用户的视角去亲自使用和体验应用的功能，以用户的视角去总结问题，将问题告诉 AI 并让它解决。

你只需要发现问题，不用思考如何实现才是最合理的，让 AI 告诉你答案，给你最简单、最有效的方案来解决问题。

在后续的实战篇中，我们也会通过具体的实操过程来教会大家如何有效地定位和解决 AI 编程中的问题。大家可以等到后面跟着实战案例操作一遍后，再回来看这里的内容，相信你会有更深刻的理解。

2.4　底层逻辑：AI 编程工具的局限性及应对策略

我们在使用 AI 编程时最好对大模型的能力边际有一些基本的了解，这样才能更好地使用工具。这就像开车一样，你必须知道一辆车的性能极限在哪里。

首先，任何一个 AI 大模型都会有上下文长度限制，比如 Claude 3.5

Sonnet 支持 200k token 的上下文长度，而其他一些大模型只支持 128k token。

从逻辑上讲，大模型支持的上下文长度越长，我们就越有可能获得更好的编程体验，因为支持更长的上下文意味着 AI 能更准确地理解问题，知道前因后果。

但是，在实际使用 AI 编程的过程中，200k token 的上下文长度根本不够用，特别是在测试和修复 BUG 的环节，基本上用不了几轮对话就会超出长度限制，因为你需要将报错信息全部复制粘贴并发给 AI，还要引用产生问题的文件。

对话越长，token 消耗得就越多。实际上，当你在一个对话框中反复进行多轮对话时，每多进行一轮对话，就会消耗一定数量的 token，实际 API 计费=输入 token+输出 token。特别是，对于很新的 AI 大模型，token 消耗的速度堪比坐火箭。如果 AI 编程工具调用的是第三方 API，你就得注意一下你的钱包余额了。

面对 AI 编程工具的局限性，我们的应对策略就是不要在一个对话窗口中实现多个功能或解决多个问题。这么做不仅能够降低 token 的消耗，还能够最大限度地避免上下文污染。

如果上下文长度限制问题严重，那么在使用 AI 编程时还会经常性地发现 AI 失忆问题，更严重的会出现 AI 幻觉。

AI 失忆是造成很多 BUG 的根本原因。因为失忆，AI 不能完整读取整个项目文件，于是经常性地重复定义变量、函数，甚至是在其他目录中重复生成一些文件。

虽然我们能在每次新建对话窗口时都引用 README.MD 文件和 rules 文件让 AI 了解项目，但在实际开发过程中，这个操作并不能完全解决 AI 失忆问题。

所以，如果使用 AI 开发的项目文件的代码总量超过了 5000 行，那么一定要让 AI 执行以下操作。

- 创建一个统一的变量定义文件，避免因为应用开发中后期功能越加越多而造成不同功能之间的变量声明冲突，进而造成一系列的 BUG 连锁反应。这一点非常重要，不然你就会体验到一个 BUG 改上几个小时的痛苦。
- 针对一些在应用中重复使用的组件，让 AI 创建单独的代码文件，便于在不同的页面中调用。比如登录注册、支付、导航栏这些常用的功能。这能帮你大大减少项目的代码量。如果不这么干，项目的代码量可能翻一倍都不止。

举个例子，比如你正在开发一款 App，这个 App 中有若干页面，如果你用组件化的开发方式让 AI 为 App 首页的底部导航栏创建单独的代码文件，那么其他页面若有导航栏则只需靠少量代码调用它的代码文件即可，而无须在每个页面中重复实现导航栏。

除了 AI 失忆，严重的还有 AI 幻觉。所谓 AI 幻觉，就是它给出的结果看似逻辑自洽，实则完全是在胡说八道。一旦真正将应用运行起来，就会发现 BUG 百出。

AI 幻觉的终极解决方案，就是拆解 AI 思考和执行的过程。和人一样，凡事想明白了再干，总能在一定程度上避免胡乱去干。如果想一步做一步，应用功能简单时还能应付，一旦功能越来越多、业务逻辑越来越复杂，就会带来巨大的问题和隐患。

总结来说，想有效降低 AI 幻觉问题的发生，最好的方法就是当你用 AI 实现简单项目时能将功能描述和实现过程尽量具体化，而在实现复杂项目时反而要将复杂的问题简单化，拆解成多个环节去分开执行。

当想要实现某一具体功能时，如何确认 AI 理解了你的意图？有一个简单的方法，就是先让 AI 复述你的需求并给出实现方案，在你确认后再由 AI 执行。

所以，你可以在与 AI 的对话内容中添加这样一句话：

> 请复述一遍我的需求，并详细说明你的实现方案，由我来确认你的理解是否准确，在我确认后，你再执行具体的实现方案。

如果 AI 复述的内容和你的想法不同，则可以再进行多轮对话来纠正 AI 的理解并确保它已经准确理解了你的意图。

最后，我再给出几个防止 AI 幻觉的验证对话模板，大家可以尝试使用。

> 请你完整阅读项目的所有文件，思考产生问题的根源，合理推理和假设问题的可能性，然后给我 3 个解决方案，并详细说明每个方案的优点和缺点。
> 请你确认这是否与已实现的功能和业务逻辑冲突？
> 你是否有更简单又高效的解决方案？

实战篇

不写代码，开发第一个应用

03 第 3 章
准备：新手必备的网站开发宝典

04 第 4 章
进阶：iOS App 低门槛高收益开发之路

05 第 5 章
延伸：微信小程序，变现门槛最低的应用类型

第3章
准备：新手必备的网站开发宝典

对于没有任何开发经验的人来说，做一个能赚钱的网站，和你是否懂技术、是否会写代码，没有必然联系。在过去几十年里，在PC互联网野蛮生长时期，不知道有多少可能只有初中、高中学历的人，靠着做网站赚到了人生的第一桶金。

今天，这样的机会仍然存在。放眼全球上百个国家的网络市场，依然存在大量空白的机会，任凭时代如何发展，总会有通过网站赚钱的机会。

网站本质上只是服务和内容的载体。对于用户来说，只要能满足需求，不管用的是网站还是 App，都可以。而对于开发者来说，网站是最简单高效的产品形式，做网站的自由度也比上架一个 App 或小程序要高很多。特别是对于海外的搜索市场，内容高度自由的网站反而充斥着大量的机会。

在正式开始学习通过 AI 开发网站前，要想明白一件事：为什么要用 AI 做网站，AI 到底在这个过程中解决了什么问题？

作为一个做了很多年网站的老站长，我认为使用 AI 做网站不见得比使用 WordPress 这种开源程序做网站更简单，而且学习使用开源程序做网站，时间成本也要低于使用 AI。如今，大多数常见类型的网站都可以使用 WordPress 等开源程序，在短短几分钟内快速搭建而成。所以，如果你以变现为目的，则大可不必用 AI 重复造轮子。

> **提示：** 如果你对使用 WordPress 搭建网站有兴趣，那么可以关注微信公众号"黑帽星球 pro"，发送消息"玩赚 AI 编程"，领取一份极速建站手册，在不借助 AI、不写代码的情况下轻松搭建一个网站。

我的原则是，以结果为目的，至于过程（用什么方法实现）则不必那么在意。在使用 AI 实现任何想法前，最好先搜索一下是否有现成的工具、开源程序和服务商，如果市场上已经有类似的网站，就不要使用 AI 重复实现。

所以，我们到底为什么要使用 AI 编程呢？AI 是一个如此强大的工具，我们可以使用 AI 去实现那些不能通过已有开源程序实现的应用，那些天马行空的想法，也许只有 AI 才能将其落地。

虽说借助 AI 编程不要求懂技术、会写代码，但你也应该对一些做网站的基本概念有所了解，知道开发环境、数据库、云服务器、域名等上线网站的基本概念，以及如何在操作页面中完成简单的操作。在下面的实战章节中，我也会介绍这些概念。

3.1 实战：30 分钟开发一个贪吃蛇小游戏

实战篇的第一个案例，我们来使用 AI 开发一个贪吃蛇小游戏。学习开发贪吃蛇小游戏有以下好处。

- 效果直观：能在网页上直接看到效果，有一定的成就感。
- 实现简单：不涉及数据库、后端系统的实现。
- 前端应用：可以用 HTML、CSS、JavaScript 等简单的前端语言实现，能让你完整地了解一个网站的实现全过程。

前期准备：AI 编程工具（Cursor）、浏览器（Chrome）。

第一步，根据惯例在本地新建一个文件夹，将其命名为"tanchishe"，并用 AI 编程工具打开这个文件夹。在开发过程中，我们将该文件夹称为项目的根目录，意思就是所有项目文件的第一个目录。

第二步，使用"cmd+I"组合键打开对话窗口，构建 README.MD 文件。

虽然开发这种简单的网页小游戏没有必要花更多时间去生成 README.MD 文件及导入 rules 文件，但是为了保持好的开发习惯，规避未来实现功能更复杂的应用时可能遇到的问题，这一步还是要使用 AI 去构建 README.MD 文件。我们可以告诉 AI 想要开发一个网页版的贪吃蛇小游戏，先来设计游戏的玩法，再来设计游戏的视觉效果，将这些记录到 README.MD 文件中。

根据入门篇讲的三步提问法，可以通过以下提示词，让 AI 帮我们构建并完善 README.MD 文件的内容。

> 请继续完善 README.MD 文件，设计项目的页面结构、目录结构、技术框架，同时用详细的注释说明其作用，然后根据应用功能的重要性划分优先级，规划各个应用功能的开发先后顺序！

得到完善的 README.MD 文件后先不要着急让 AI 去开发贪吃蛇小游戏，而是要先检查 README.MD 文件中的内容是否符合设计要求，如果不符合，则可以再与 AI 进行多轮对话来完善文件内容，也可以手动修改和删减内容。

第三步，在 AI 编程工具的文件管理器中新建文件，命名为".Cursorrules"，将准备好的 rules 文件的内容复制进去并保存，如图 3-1 所示。

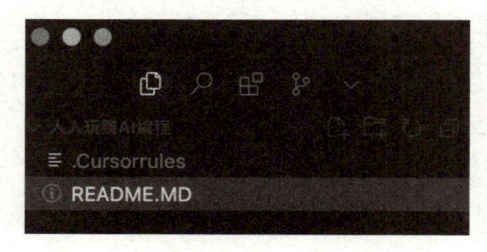

图 3-1

第四步，如图 3-2 所示，在 Cursor 中新建对话框，选择 Agent 模式，引用 README.MD 文件和 .Cursorrules 文件，并向 AI 发送以下提示词。

图 3-2

> 请根据 README.MD 文件的内容进行开发，优先实现应用的核心功能。

在 Agent 实现的过程中，我们不断单击"Accept all"按钮，完全接受生成的内容。生成结束后，在本地打开项目的根目录，在浏览器中打开 index.html 首页文件，即可打开 AI 为我们生成的贪吃蛇小游戏，如图 3-3 所示。

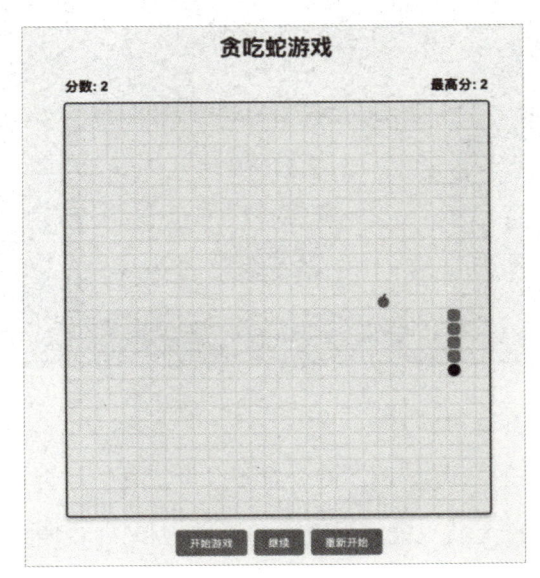

图 3-3

仔细观察这个网页版的贪吃蛇小游戏，你会发现网站的图标、贪吃蛇的样式、移动的速度都非常合理，而且在项目的根目录下，也会根据不同功能的类型和作用，将不同文件存放到不同的对应目录下，便于后面开发和维护。

相反，如果不创建 README.MD 文件，也不导入 rules 文件，而只告诉 AI "为我开发一个网页版贪吃蛇小游戏"，那么在打开 index.html 进行测试时，就会发现这个小游戏根本无法运行。打开网页后会直接弹出"游戏结束"的弹窗，单击"再玩一次"按钮也没有反应，如图 3-4 所示。

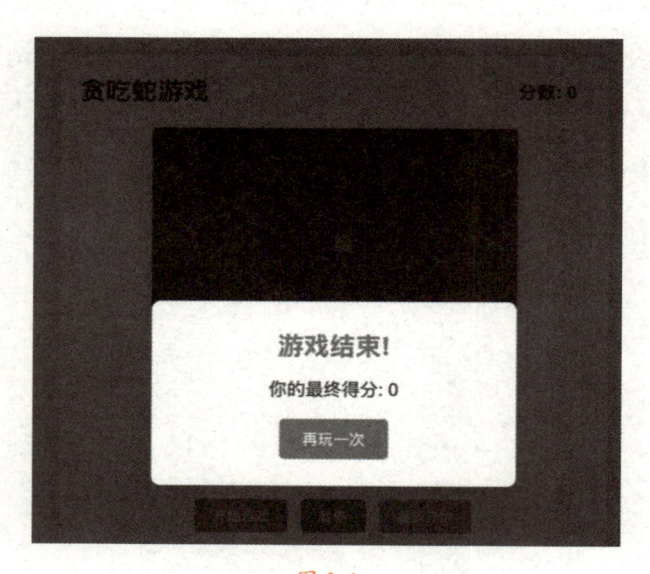

图 3-4

在这种情况下，我按 F12 键查看开发者工具中是否有报错信息，结果发现并没有。于是我只能用最直白的语言去和 AI 说明这个小游戏的问题，虽然最终修复了 BUG，但也多进行了两轮对话，如图 3-5 所示。

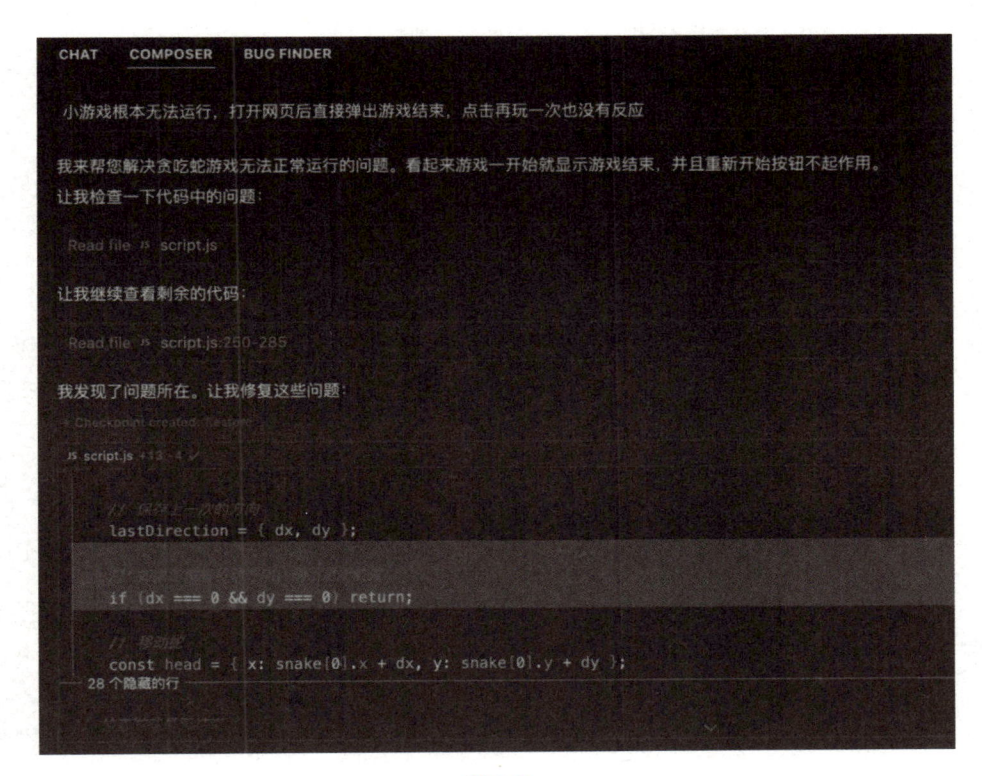

图 3-5

打开 Chrome 浏览器，按 F12 键打开网页开发者工具，在这里可以查看 Console 控制台的报错信息（见图 3-6）。我们可以将报错信息复制下来发送给 AI，配合简单易懂的描述，帮助 AI 更好地修复 BUG。BUG 修复后，游戏可以正常进行。

图 3-6

通过这个示例不难看出 README.MD 文件和 rules 文件的重要性。即使不懂技术、不会写代码，也一定要知道正确的开发流程，养成良好的开发习惯。

在实现了简单的贪吃蛇小游戏之后，接下来，我们进一步优化游戏体验，丰富游戏功能。再次打开对话窗口，向 AI 提问。

> 我目前已实现了贪吃蛇小游戏的基本玩法，请告诉我如何完善、迭代游戏的玩法，但不实现功能。

根据上面的提问，AI 会给出建议。如果你对它的建议满意，则可以回复"我觉得很不错，请将这些内容记录至 README.MD 文件"。这一步将继续完善 README.MD 文件的内容。

接下来，回到对话框中，引用 README.MD 文件并继续与 AI 交流。

> @README.MD 请继续实现其他未实现的玩法。

在这个环节中，我发现 AI 生成的 JavaScript 文件包含 400 多行代码，而在刚刚的 Agent 模式中，JavaScript 文件没有被正常生成和保存，显示生成失败。

出现这样的问题很正常，如果没有引用具体的文件，那么 AI 的代码读取上限就是 200 行左右，即使引用了具体的文件，也只能读取 350~400 行代码。如果代码量超出了这个范围，则 AI 生成代码的准确率就会下降，应用就会出现一些 BUG。

此时，我们也要主动与 AI 沟通。

> JavaScript 文件代码行数过多，可根据应用功能将其拆分成多个文件，方便后续开发和维护。

可以让 AI 将不同的功能写到不同的文件中，避免因为文件代码行数过多而造成一些不必要的问题，AI 会合理设计应用的代码文件结构，这也是使用 AI 编程的一个简单有效的方法。

从生成结果来看，AI 将原来极其复杂的核心文件，拆分成了多个功能不同的 JavaScript 文件（以.js 为后缀），如图 3-7 所示。

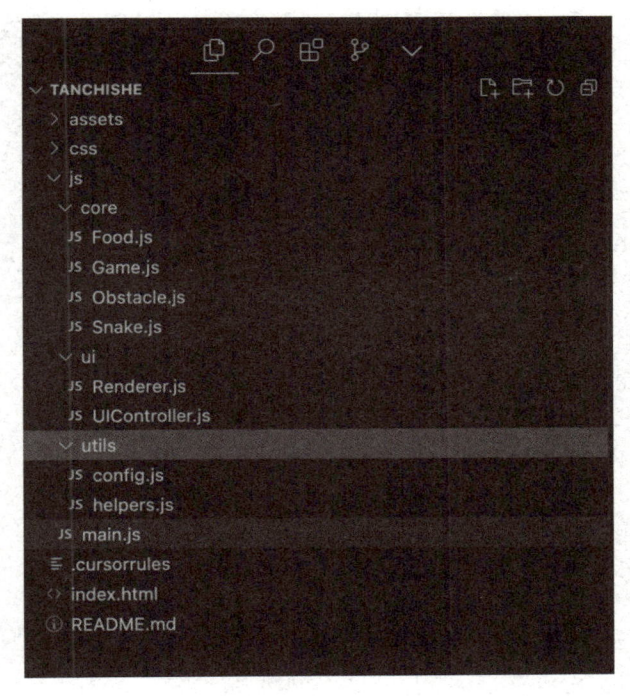

图 3-7

回到浏览器中刷新页面，查看 AI 最新优化的贪吃蛇小游戏，结果发现页面中增加了不同的难度、游戏模式、视觉选择，但是游戏又没法运行了。此时，再次按 F12 键查看报错信息，新建对话窗口并将报错信息发给 AI，与其进行交流。

> 游戏无法运行。
>
> 请你完整阅读项目的所有文件，思考产生问题的根源，合理推理和假设问题的可能性，然后给我三个解决方案，并详细说明每个方案的优点和缺点。

提示词中的第二段话主要是防止出现 AI 幻觉。经过交流后，AI 给出了解决方案，如图 3-8 所示。

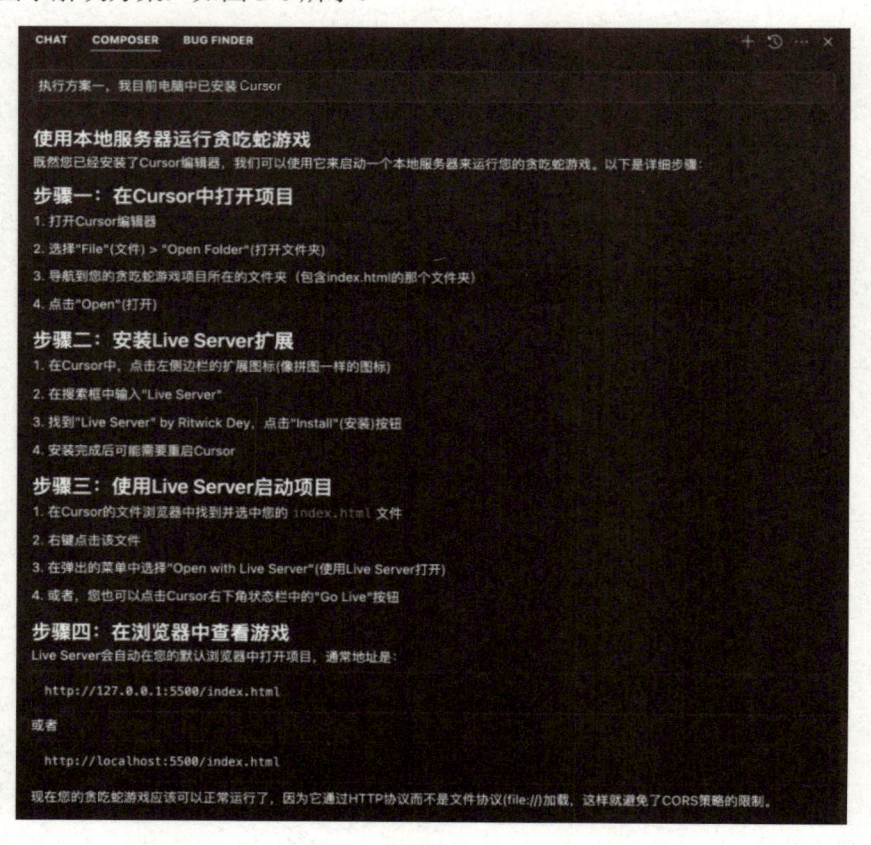

图 3-8

第 3 章 准备：新手必备的网站开发宝典 | 81

我根据 AI 的提示在 Cursor 中安装了 Live Server 扩展并成功解决了问题。此时打开网页版贪吃蛇小游戏，经测试后发现游戏功能恢复正常，如图 3-9 所示。至此，我们便成功开发了一个具备一定功能复杂度的网页版贪吃蛇小游戏。

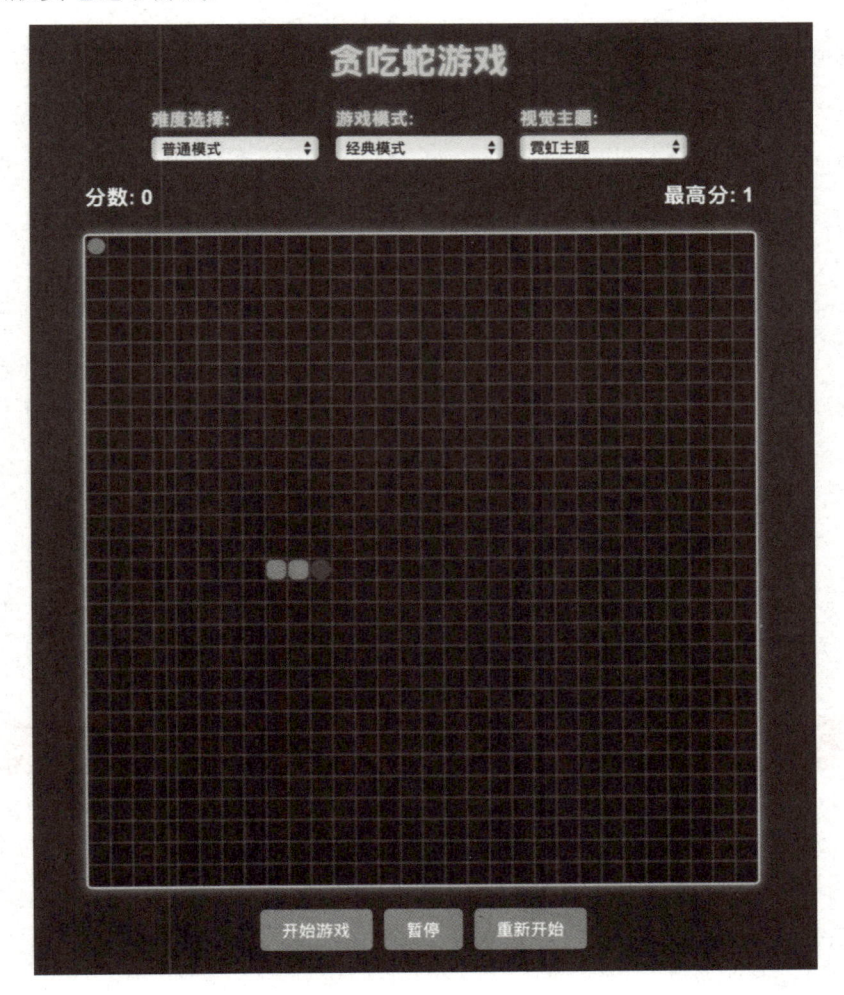

图 3-9

通过使用 AI 开发这个网页版贪吃蛇小游戏，你会发现整个开发过程并不像很多短视频演示的那样无比顺畅，反而是在设计更多的游戏玩法时出现了一些问题。这其实是使用 AI 开发应用的真实情况，只要是编程，就必然会遇到问题。

但是在出现问题时，不同的人心态往往不同。一定要放平心态，遇到问题不可怕，要想办法找到解决问题的方法和思路。如今，AI 能够解决大多数应用开发的问题，只要能够正确使用 AI 工具，提供清楚的提示词即可。像这样一个网页版贪吃蛇小游戏，如果后续你有兴趣继续完善它，那么不妨升级一下游戏的玩法并修复一些游戏中存在的 BUG。

对于开发这件事，我想说，不要追求完美，完成比完美更重要。当你在使用 AI 开发一些商业化应用时，你会发现总有解决不完的问题，总有添加不完的功能，所以知道什么时候是"恰到好处"的，往往是老手与新手的差别。

在这个案例中，我们没有使用模块化开发方法，所以在 Agent 模式下，AI 生成代码的速度也不是很快。在下一个案例中，我会用模块化开发方法教你做一个网页版对话助手，学习如何开发功能更复杂的应用。

3.2　实战：60 分钟开发网页版 DeepSeek 对话助手

如今，生成式 AI 大模型爆火，尤其是 DeepSeek 展示出了惊人的本土化能力。在这一节中，我们将用模块化开发方法，做一个像 DeepSeek 一样的网页版对话助手，实现基本的交互和生成功能。

模块化开发非常适合实现功能复杂的应用。第一步是先进行前后端分离。

对于应用的前端来说，可以将前端拆分为页面样式、页面跳转关系和页面功能来分别实现。正确的开发流程应该是先实现页面样式，再实现不同页面之间的跳转关系，最后实现页面功能。

所以，这里我们先让 AI 实现对话助手的页面样式。

首先，构建 README.MD 文件。这次我没有让 AI 设计应用的页面和功能，而是选择自己提要求。这么做并不复杂，且能够让 AI 更好地实现我们的需求。不必担心不会写、写不明白，用最简单的大白话描述你想要的页面布局，以及想在页面上呈现什么样的按钮、图标即可。

Cursor 有一个非常好用的功能，就是自动补全。当我们在 Cursor 中构建了 README.MD 文件后，在编辑文件时，AI 就会猜测我们的意图，并为我们自动补全文件的内容（以浅灰色文字显示），这时可以按 Tab 键接受 AI 补全的内容。

以下 README.MD 文件中的多数内容是由 AI 自动补全生成的，我只输入了前面的内容，AI 就领会了我的意思并为我生成后面的内容。

> 这是一个类似于 DeepSeek-chat 的网页版对话助手
> 1.整体布局
> 页面采用左右分栏设计，右侧为登录表单，左侧为 AI 对话区域。整体使用深色背景，并搭配蓝色主题色来营造简洁、现代的视觉效果。
> 2.右侧登录表单
> 顶部显示网站名称"DeepSeek 对话助手"

"请输入您的账户详细信息"作为表单标题

包含两个输入框：

电子邮件输入框

密码输入框

忘记密码链接位于密码输入框右侧

蓝色登录按钮横跨整个表单宽度

底部社交媒体登录选项包括微信和QQ，需要显示图标

底部还提供创建账户链接

3.左侧AI对话区域

含有新建/删除对话窗口标签的选项

选择AI大模型的下拉框：默认显示"DeepSeek-chat"

90%的面积为AI对话区域

AI对话区域底部为对话输入框

对话输入框右侧为发送按钮

对话输入框下方为历史对话记录

历史对话记录包含：

历史对话记录气泡

历史对话记录气泡下方为操作按钮，具体包含：

历史对话记录操作按钮-删除

历史对话记录操作按钮-置顶

历史对话记录操作按钮-复制

历史对话记录操作按钮-引用

> 历史对话记录操作按钮-分享
>
> 历史对话记录操作按钮-重命名
>
> 底部卡片展示：
>
> 标题
>
> 描述文本
>
> 用户头像组
>
> 4.视觉设计
>
> 配色方案：深色背景+蓝色主题色+白色文字圆角
>
> 设计统一应用于按钮和卡片
>
> 字体简洁、现代
>
> 视觉层次和字距清晰
>
> 先实现页面的布局和样式，但是暂时不实现页面功能。

实现前端的页面样式可以使用常用的语言，如 HTML、CSS、JavaScript。然后创建 rules 文件，文件内容复制 3.1 节的贪吃蛇小游戏的 rules 文件内容即可。

在本例中，我们使用 Claude 3.7 Sonnet 大模型，在对话框中引用 README.MD 文件和 rules 文件，告诉 AI "请合理实现网页的样式"。仅需一句提示词，AI 就很好地实现了一个具有现代设计感的网页版对话助手，如图 3-10 所示。

如果在这个环节对页面中的交互、样式不满意，则可以通过多轮对话进行微调。但是无论怎么调整，请记住一点，每次只改动一个地方！

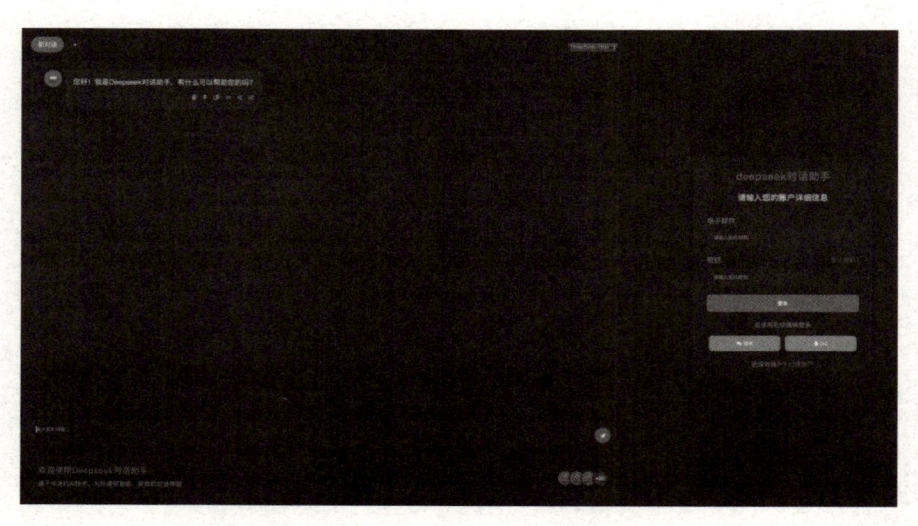

图 3-10

然后，我们来实现对话功能。接入 DeepSeek 的对话功能，在网页中和 DeepSeek-R1 大模型对话，这里需要打开 DeepSeek 官网的开放平台，注册并登录，在后台创建 API Key，然后点击查看接口文档。如果不想用 DeepSeek 官网的 API，也可以选择一些第三方大模型的 API。

在这一步，我们创建一个新的文件，命名为 API.MD，用于存放 DeepSeek 接口文档的内容。我们不用搞懂这些复杂的接口文档是什么意思、该怎么去调用，只要将信息完整提供给 AI 即可。

虽然可以用更简单的方式，将接口文档的网页链接直接发给 AI 去阅读，但是有些时候网页链接太长，AI 也不能完全理解。为了降低 AI 失忆的可能，最可靠的方式就是新建一个文件，复制接口文档的内容。

在 API.MD 文件中，我们需要将 DeepSeek 接口文档中"首次调用 API"的内容复制过来，其中最重要的是包含 curl 命令的代码示例。如果你的网站是用 Python 或其他语言开发的，则复制其他类型的示例。

这里额外说一下 AI 大模型的流式生成和非流式生成是什么意思。目前这个版本实现的是非流式生成对话，简单来说就是 AI 在生成所有内容后将其一股脑儿发给我们，而流式生成则是将生成内容逐字显示。具体可根据个人喜好进行选择。

以下是 API.MD 文件的格式和基础内容。你想实现什么功能，想使用什么模型的 API，你就在 API.MD 文件中添加相应的关于模型 API 的网页链接、内容、代码示例等的调用信息。

```
API 调用文档网页链接：xxx
API Key: xxx
API 调用文档内容：整体复制粘贴
curl 代码示例：复制粘贴
```

打开网页，发送消息测试对话功能，AI 在思考后给出了回复，说明已经实现了和 DeepSeek 对话的功能，如图 3-11 所示。

接下来，我们实现更多功能，如新建和删除对话窗口标签。向 AI 发送提示词。

> 实现新建、删除对话窗口标签的功能，为了保持代码的简单性和可维护性，你可以新建一个 JavaScript 文件来实现。

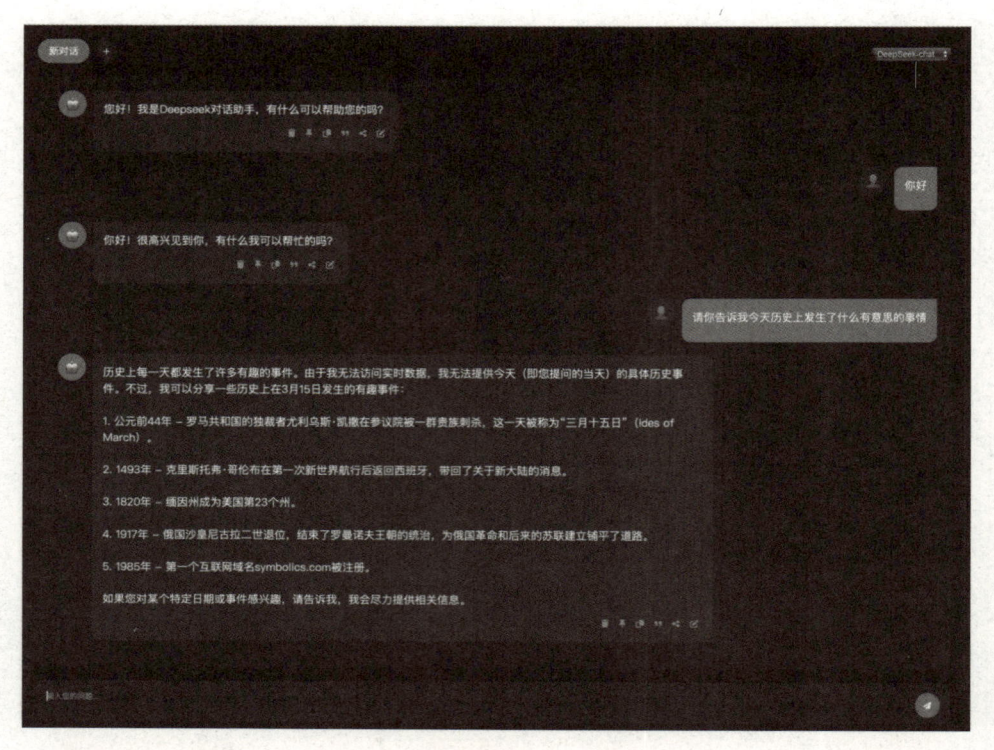

图 3-11

　　这一步，我们没有让 AI 直接实现相应的功能，而是让它新建一个 JavaScript 文件去实现。为什么呢？因为我观察到，目前的 JavaScript 文件的代码量已经接近 300 行，由于 AI 能力的局限性，代码量过多可能会影响新功能的实现，而这么做能有效减少生成代码中出现的 BUG。

　　生成 JavaScript 文件后，再次刷新浏览器并与对话助手交流，测试新建对话窗口标签的功能是否正常，如图 3-12 所示。

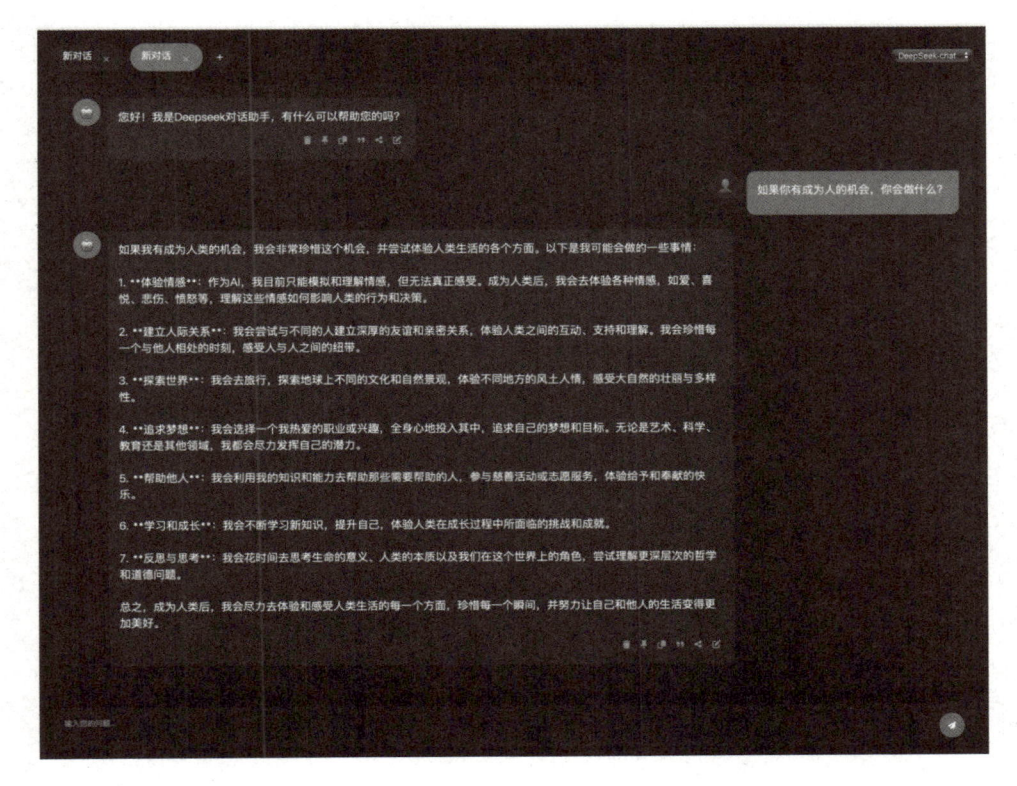

图 3-12

这里要强调的是，在后续开发过程中，每当实现一个新功能时，最好都测试一下，尽量不要将问题堆积到一起，慢慢来反而更快。最重要的一点是，千万不要忘记随时保存！即使后面将应用搞砸了，但只要时常保存，就还有机会重来一次。

最后，我们可以重复新建对话窗口标签的过程，不断让 AI 去实现更多的页面功能。在实现的过程中，你只需要注意以下几点。

- 每次只实现一个功能。
- 每次实现新的功能都要测试功能是否正常。

- 每次实现一个功能或解决一个 BUG，都新建一个对话窗口。
- 每次新建对话窗口，都引用 README.MD 文件、rules 文件，并使用@files&folders 功能，让 AI 快速理解项目。
- 所有功能都实现后，手动或让 AI 将实现过程记录至 README.MD 文件。
- 查看项目文件的代码行数，如果超过 400 行，则让 AI 进行模块化拆分或创建新的文件来保存代码并实现功能，让代码保持简洁，便于后续维护和开发。

3.3 上线攻略：成功发布首个网站

本节我们在 3.2 节开发的网页版对话助手的后台管理系统中实现注册登录功能，并将网站上线发布到服务器上，让所有人都能访问。

第一步，在项目的根目录下新建一个文件夹，命名为"admin"，后面我们会让 AI 将所有后台管理系统的代码都保存到这个文件夹中。

在这一步，我们需要删除最开始的 rules 文件的内容，因为在模块化开发的过程中，我们只实现了页面样式，仅用到了前端开发语言 HTML、CSS、JavaScript，而后台管理系统则需要用到后端开发语言（这里使用 PHP），最开始的 rules 文件不再适用。

这一步不仅需要实现后台管理系统，还需要实现前端页面和后台管理系统的连接，所以为了避免不必要的问题出现，这一步的操作非常重要。

首先在 admin 目录下新建一个文件，命名为 admin-README，在文件中具体罗列想要实现的后台功能，还要将在后面操作环节中创建的数据库的名称、用户名、密码复制进去。

```
##网站后台管理系统功能：

1.注册登录管理后台
2.查看 DeepSeek 对话助手的注册用户明细
3.修改 DeepSeek 对话助手的用户登录密码

##服务器数据库 MySQL

数据库名：deepseek
用户名：deepseek
密码：FM3iMcjjXEkGmC8N


MySQL 管理面板：phpMyAdmin
```

向 AI 发送如下提示词。

```
我新建了一个 admin 目录，用于存放网站的后台管理系统文件。下面要实现网站的后台管理系统。我是一个技术小白，只有一台阿里云服务器，服务器安装了宝塔面板，网站环境是 LNMP、数据库是 MySQL、开发语言为 PHP 7.4。请你为我实现网站的后台管理系统。
```

这里主要用于设定技术背景，告知 AI 我们已有的服务器开发环境。

然后再次向 AI 发送提示词。

> 我的 MySQL 管理面板是 phpMyAdmin，请通过 SQL 命令为我创建相关数据库表。

在这里涉及一个网站开发的基本概念，就是应用的后台管理系统的实现，本质上是对数据库的增删改查，所以我们不仅要让 AI 编写后台管理系统代码，还要让 AI 创建数据库表。

数据库可以简单理解为一个 Excel 表，这个表里存放了应用前端用户的各项信息。当用户注册时，所有的注册信息都会被填到这个表里。当用户登录时，会查询这个表里是否有对应的信息。后台管理系统就负责增加、删除、修改、查询这个表中的信息。这个表的开发语言是 MySQL。大家不用学习任何数据库的相关命令，只要知道原理即可。

发送提示词后，AI 告诉我们不需要手动执行 SQL 命令，因为它为我们编写了自动创建数据库表的代码，如图 3-13 所示。

图 3-13 展示了 phpMyAdmin 可视化数据库管理面板，后续在上线网站时，在宝塔面板中选择"数据库"选项，找到 phpMyAdmin 管理面板，在 phpMyAdmin 中选中我们创建的数据库，然后点击 SQL，将 AI 生成的代码复制进去，单击"执行"按钮就可以了。

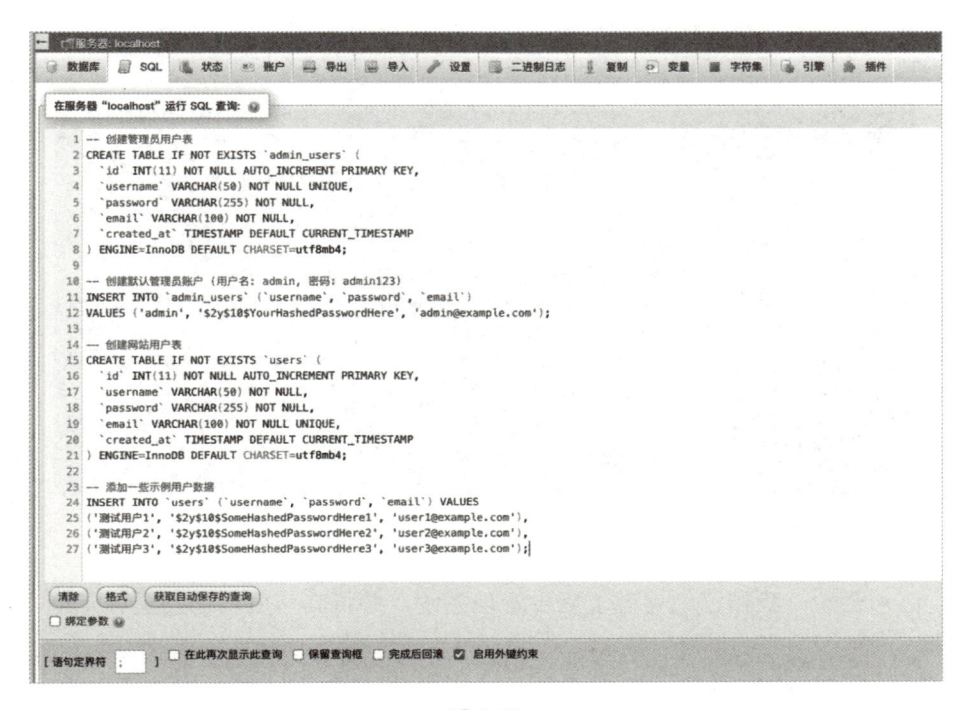

第 3 章 准备：新手必备的网站开发宝典 | 93

```
-- 创建管理员用户表
CREATE TABLE IF NOT EXISTS `admin_users` (
  `id` INT(11) NOT NULL AUTO_INCREMENT PRIMARY KEY,
  `username` VARCHAR(50) NOT NULL UNIQUE,
  `password` VARCHAR(255) NOT NULL,
  `email` VARCHAR(100) NOT NULL,
  `created_at` TIMESTAMP DEFAULT CURRENT_TIMESTAMP
) ENGINE=InnoDB DEFAULT CHARSET=utf8mb4;

-- 创建默认管理员账户（用户名：admin，密码：admin123）
INSERT INTO `admin_users` (`username`, `password`, `email`)
VALUES ('admin', '$2y$10$YourHashedPasswordHere', 'admin@example.com');

-- 创建网站用户表
CREATE TABLE IF NOT EXISTS `users` (
  `id` INT(11) NOT NULL AUTO_INCREMENT PRIMARY KEY,
  `username` VARCHAR(50) NOT NULL,
  `password` VARCHAR(255) NOT NULL,
  `email` VARCHAR(100) NOT NULL UNIQUE,
  `created_at` TIMESTAMP DEFAULT CURRENT_TIMESTAMP
) ENGINE=InnoDB DEFAULT CHARSET=utf8mb4;

-- 添加一些示例用户数据
INSERT INTO `users` (`username`, `password`, `email`) VALUES
('测试用户1', '$2y$10$SomeHashedPasswordHere1', 'user1@example.com'),
('测试用户2', '$2y$10$SomeHashedPasswordHere2', 'user2@example.com'),
('测试用户3', '$2y$10$SomeHashedPasswordHere3', 'user3@example.com');
```

图 3-13

这一步，我们完成了对话助手网站的后台管理系统开发。下一步，我们让 AI 来实现后台管理系统和前端的连接，向 AI 发送提示词。

> 请实现 HTML/JavaScript 与后台管理系统的连接，实现注册登录功能。@index.html @script.js @conversation.js 目前首页已实现了注册登录的样式@README.MD。

注意，这一步使用了@files&folders 功能，让 AI 得到了阅读整个项目的权限，还引用了@index.html 等相关的前端应用文件（见图 3-14 对话框顶部）。前面讲过很多次，如果代码行数过多，则可能出现 AI 幻觉。为了避免不必要的 BUG，如果知道哪些文件是在应用实现过程中新建的，则一定要尽量去引用这些文件，提高代码生成的质量。

图 3-14

至此，我们已经实现了后台管理系统，并将其与应用前端进行了连接。这时我们能够在后台增加、删除、修改、查看用户的信息。

不过这里我又多向 AI 发送了一句话（见图 3-15）。

> 很好，请将后台管理系统已实现的功能，已创建的数据库表记录到 @admin-README.MD 文件中。

图 3-15

希望你也能有这样的开发习惯。因为目前的对话助手网站的前端和后台管理系统只实现了最基础的功能，如果后续想添加更多的功能，则需要在后台查看更多的数据，所以最好让 AI 将前端、后台已经实现的功能和已经创建的数据库表记录到相应的 README.MD 文件中。这样在后续的 AI 编程过程中，就不会因为 AI 失忆而重复实现已经实现的功能。

第二步，我们来将网站上线到服务器，测试一下我们开发的对话助手的前端和后台管理功能。

如果想在本地运行并测试，可以向 AI 发送提示词。

> 我想要在本地运行这个项目，我是一个技术小白，请你一步一步告诉我该怎么做，完成一步，你再说下一步。

收到提示词后，AI 就会一步一步指导你，从安装本地运行环境到运行网站。

首先，想要将网站上线，使其能够被所有人访问，需要准备好服务器和域名。可以从阿里云、腾讯云购买云服务器。运行一个示例项目，不需要太高的配置，1 核 2G1M 带宽的服务器（开发环境为 CentOS 7.x）就行。

> **提示：** 如果不知道怎么购买服务器，则可以扫码关注微信公众号"黑帽星球 pro"，发送消息"玩赚 AI 编程"，我会将本书所有资源分享给你，其中包含服务器购买流程。

准备好服务器后，打开服务商的管理后台，找到服务器实例，再找到安全组选项并打开，快速添加安全组，然后选择端口范围，如图 3-16 所示。（注：此处演示的为阿里云服务器的管理后台。）

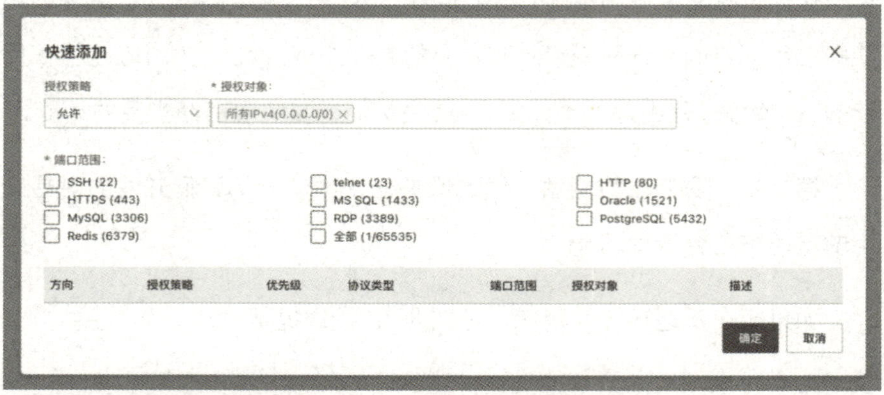

图 3-16

勾选 SSH（22）、MySQL（3306）、HTTP（80）、HTTPS（443），如果觉得麻烦，也可以勾选"全部（1/65535）"。选择端口范围后，单击"确定"按钮，安全组就添加好了。简单来说，安全组就好比家里的大门，服务器就是房子，安全组的作用是给家里开通功能不一样的大门。只有添加了安全组，房子的相应功能才能被使用。

第三步，我们来安装宝塔面板，这是一个对于技术小白很友好的服务器管理系统，能够让你用操作网页的方式来管理服务器和上线网站，安装过程不超过 5 分钟。

这一步，打开服务器实例的管理后台，找到远程连接，输入我们在购买服务器时设置的用户名和密码（如果没有设置，则可以在服务器管理后台进行设置），单击"登录"按钮，如图 3-17、图 3-18 所示。

第 3 章 准备：新手必备的网站开发宝典 | 97

图 3-17

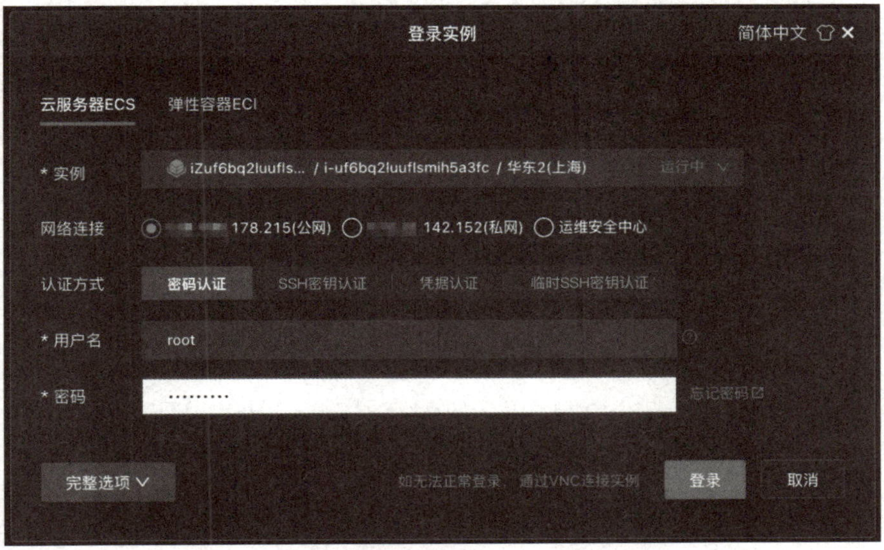

图 3-18

这里没有用到任何第三方 SSH 工具来连接服务器，因为我们只需要安装一个宝塔面板，为了尽可能简化操作，直接使用阿里云服务器实例的远程连接功能，如图 3-19 所示。

图 3-19

> **注意**：远程连接到服务器前，需要先在服务器管理页面中正确添加所有安全组。在不同的平台，安全组的叫法略有不同，有的平台将其称为防火墙。

打开宝塔面板官方网站，找到宝塔面板免费版，将通用安装脚本复制到上一步远程连接的服务器中，按回车键。过程中如果提示"是否确认"，则输入"y"，耐心等待安装结束，我们会得到宝塔面板的登录地址、登录账号和密码。

```
if [ -f /usr/bin/curl ];then curl -sSO https://download.**.cn/install/install_panel.sh;else wget -O install_panel.sh https://download.**.cn/install/install_panel.sh;fi;bash install_panel.sh ed8484bec
```

第 3 章 准备：新手必备的网站开发宝典 | 99

宝塔面板的登录地址是以点号和冒号分隔的一串数字。比如，我的服务器公网 IP 地址是 123.123.123.123，搭建好的宝塔面板的登录地址是 123.123.123.123:666，这时需要再次设置安全组，手动添加入方向的安全组，在"授权对象*源"处选择"所有 IPv4(0.0.0.0/0)"，如图 3-20 所示。

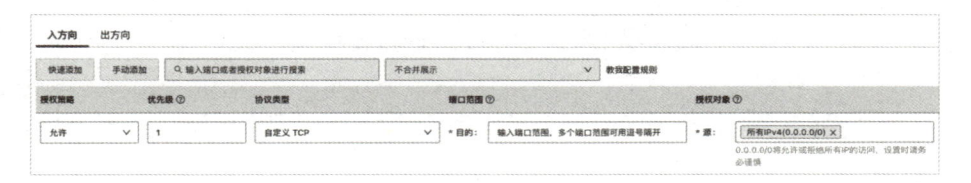

图 3-20

宝塔面板安装成功后，你会在服务器的远程连接页面看到面板地址、登录账号（username）、登录密码（password），如图 3-21 所示。打开浏览器，复制面板地址并访问，输入前面获取的账号和密码，登录宝塔面板后台，如图 3-22 所示。

图 3-21

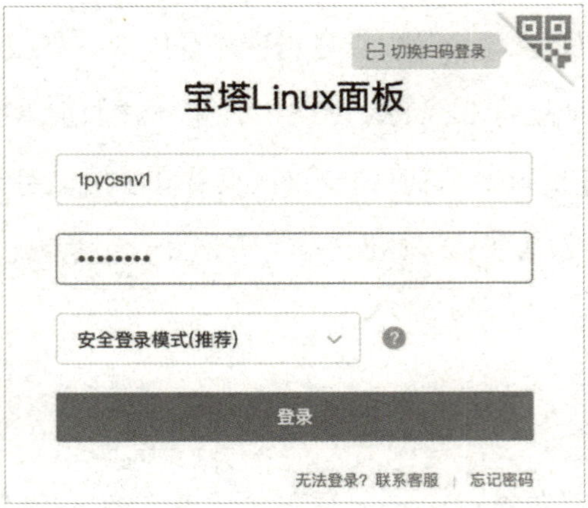

图 3-22

首次登录后，需要注册绑定、实名认证，然后会弹出安装服务器运行环境的提示窗口，选择推荐的 LNMP 环境，安装方式选择"极速安装"，然后单击"一键安装"按钮，如图 3-23 所示。这个过程大概需要 30 分钟，耐心等待安装结束即可。LNMP 环境安装成功后，你需要的任何工具，如 phpMyAdmin，就都可以在官方应用商店中找到并一键安装了。

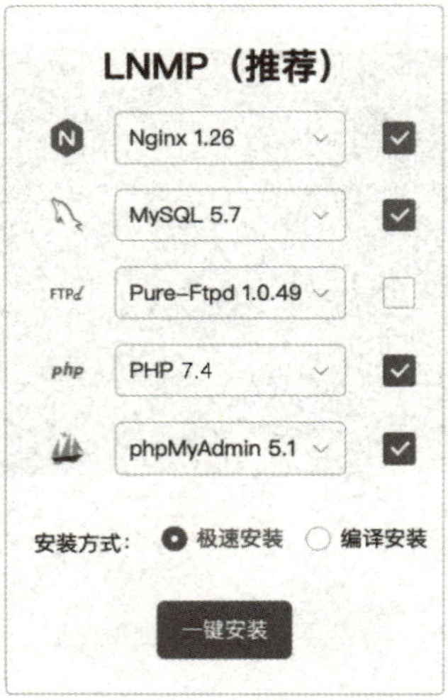

图 3-23

因为我们告诉 AI，服务器使用的编程语言是 PHP 7.4，所以还需要在官方应用商店中找到 PHP 7.4 并进行安装。成功安装各种环境的页面如图 3-24 所示。

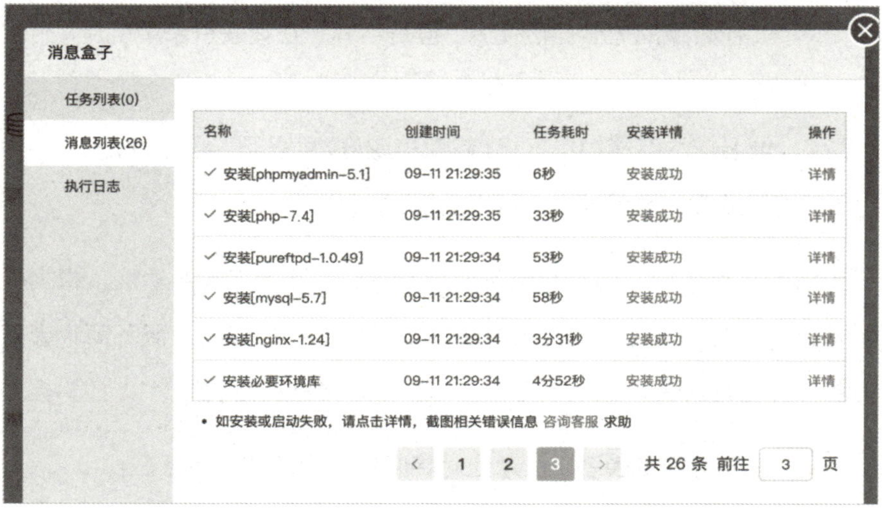

图 3-24

到这里，服务器就准备好了，下面我们来注册并备案域名。

根据相关规定，目前所有非海外地址（购买服务器时选择的 IP 地址）的服务器域名都需要进行 ICP 备案才能解析到服务器并被访问，所以域名的注册、备案、解析非常重要。

很多服务商都可以进行域名的注册和备案，但是为了节省操作时间，我们最好在购买服务器的服务商那里注册域名，从而享受后面的一系列便捷服务。注册域名非常简单，比如在阿里云注册域名，可以输入任意自己想要注册的域名（英文/拼音），只要是没被注册过的就可以直接使用。

对于注册域名，需要注意 3 点。

- 域名中不能含有中文字符。
- 域名后缀优先选择".com"和".cn"，其次也可以选择".net"，其他后缀的域名虽然便宜，但是不利于在搜索引擎中引流，也很难让人记住。
- 域名应尽可能简单好记，越简单越好，可以是"英文/拼音+数字"的组合，也可以是全拼音的形式。

域名注册好后，可以在服务商管理后台找到域名备案功能，根据提示提供相关材料进行备案。如果备案过程中有任何问题，服务商也会随时告知你如何解决，完全不必担心。整个备案过程需要注意以下事项。

- 提交备案申请后，注意随时接听服务商的初审电话。
- 备案申请被提交审核后，注意查看短信，根据短信要求进行操作。
- 不同地区的备案要求不同，如果是用于商业化的域名，则建议使用企业/个体营业执照进行备案。

域名备案时间大概为 1~2 周，备案成功后，需要将域名解析到服务器。

在服务商管理后台找到域名列表，选择备案好的域名，选择"域名解析"，再选择"添加记录"，页面如图 3-25 所示。系统默认在"记录值"一栏中的信息为服务器的公网 IP 地址，然后添加两条记录：一条内容为"www"的主机记录；一条主机记录为"@"的解析记录。添加这两条记录后才能完成域名解析，域名解析的主要作用是将域名指向服务器，这是用户能够通过域名访问服务器的前提。这样设置后，无论在浏览器访问"域名.com"还是"www.域名.com",都能打开网站。

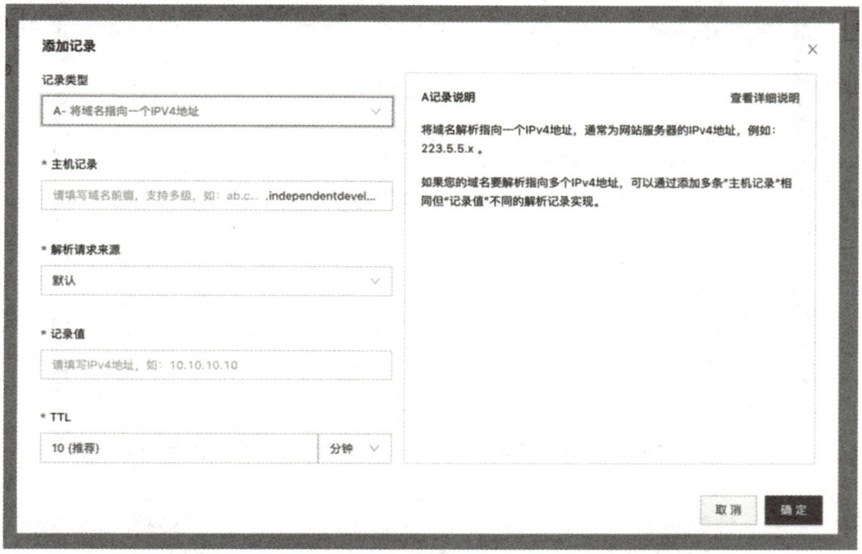

图 3-25

第四步,使用宝塔面板将网页版对话助手的前端和后台管理系统上线到服务器中。

首先,在宝塔面板的管理后台添加 MySQL 数据库。设置数据库名、用户名、密码,这些内容也是要填写到 admin-README.MD 文件中的内容,设置好后其他选项保持默认状态,点击"确定"按钮,如图 3-26 所示。

然后,在"添加站点-支持批量建站"页面进行设置。域名这里输入刚刚解析的带 www 和不带 www 的两个域名,根目录填写和本地项目根目录一致的内容,FTP、数据库选择不创建,PHP 版本填写 PHP 7.4,然后单击"确定"按钮,如图 3-27 所示。

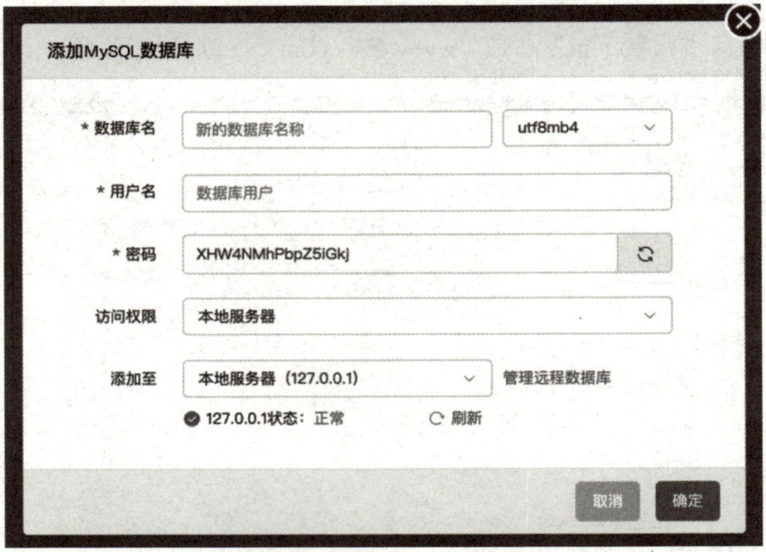
添加MySQL数据库
* 数据库名
新的数据库名称
utf8mb4
* 用户名
数据库用户
* 密码
XHW4NMhPbpZ5iGkj
访问权限
本地服务器
添加至
本地服务器（127.0.0.1）
管理远程数据库
127.0.0.1状态：正常
刷新
取消
确定

图 3-26

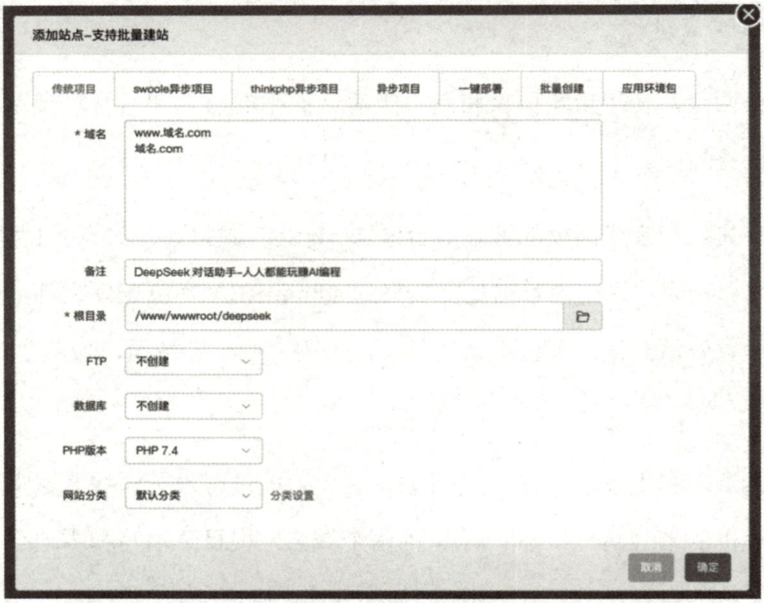
添加站点-支持批量建站
传统项目
swoole异步项目
thinkphp异步项目
异步项目
一键部署
批量创建
应用环境包
* 域名
www.域名.com
域名.com
备注
DeepSeek 对话助手-人人都能玩赚AI编程
* 根目录
/www/wwwroot/deepseek
FTP
不创建
数据库
不创建
PHP版本
PHP 7.4
网站分类
默认分类
分类设置
取消
确定

图 3-27

创建好网站后，选择新建目录，根据本地项目根目录的目录结构创建正确的目录。比如当前项目下有 admin、api、css、js 这些文件夹，那么也要在服务器的管理后台创建对应的文件夹，而且命名必须一致。最后，将所有项目文件上传到服务器的根目录下，如图 3-28 所示。

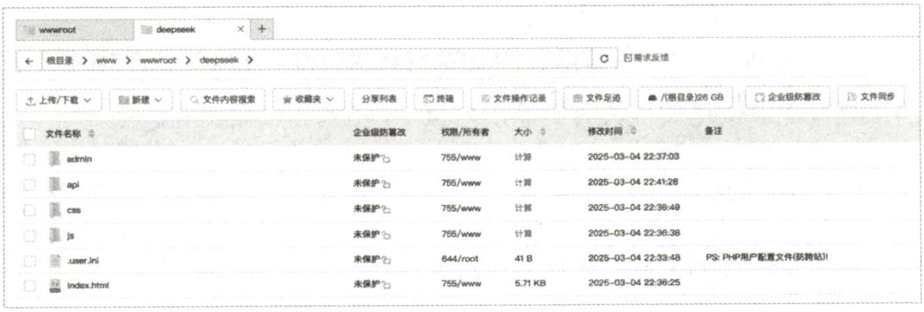

图 3-28

至此，我们就实现了将网站上线到服务器的全部操作，可以测试应用的前端功能和后台管理系统是否正常。

在浏览器中输入网站域名，根据测试结果，用户在首页进行注册后，可以正常登录。在浏览器中打开网站的后台管理系统，用 AI 为我们创建的默认账号和密码进行登录，可以在仪表板的"最近注册的用户"列表中看到用户信息，如图 3-29 所示。

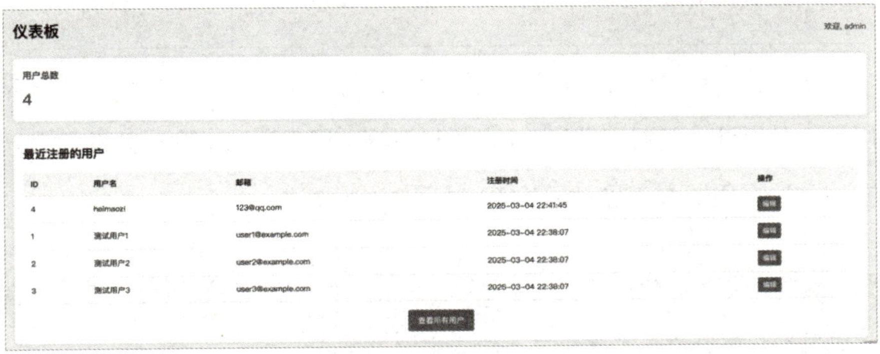

图 3-29

3.4 延伸进阶：使用 blot.new 开发更有设计感的网站页面

在使用 Cursor 开发网站的过程中，不难发现，Cursor 实现的页面样式并不精美，甚至非常粗糙。所以，本节我们来介绍一个进阶版 AI 编程工具 blot.new，这个工具可以在浏览器中直接打开，是一个专注前端开发的工具，能够快速实现具有美感的网页 UI 样式和页面交互。

blot.new 的使用方法非常简单，流程大致如下。

第一步，在浏览器中访问 blot.new 官网，注册账号并登录。

第二步，在使用 blot.new 前，访问 DeepSeek 官网，使用 DeepSeek-R1 大模型和 AI 对话沟通需求，告诉 AI 我们想要做什么类型的应用。参考提示词如下。

> 我要开发一个具有【描述功能】功能的网站应用，具体作用是【描述网站的具体功能和操作方法】。你是一个有 20 年从业经验的资深产品经理，请你从专业的角度为我完善这个网站应用的产品设计，构思合理的产品功能、页面设计。

第三步，在这个环节，我们需要和 AI 进行多轮对话，直到完善该应用的产品设计。然后需要让 AI 生成提示词，用于让 blot.new 开发一个好看的前端页面。参考提示词如下。

> 这就是我想要的产品，现在你是一个资深的 UI、UX 设计师，请你为我生成用于实现这个产品前端页面的提示词。

第四步，在 blot.new 中与 AI 对话，先将上一步 AI 生成的提示词复制进去，然后向 AI 发送以下提示词。

> 请使用 Next.js 为我实现上述前端页面。

第五步，在 blot.new 中和 AI 进行多轮对话调整页面设计，blot.new 开发的页面可以在右侧区域中实时预览，有任何不满意的地方都可以用自然语言描述需求，让 blot.new 进行修改。

第六步，依次选择 Export、Download，将 blot.new 开发的网站应用源代码下载到本地。

第七步，使用 Cursor 打开从 blot.new 中下载的应用源代码文件。

第八步，在 Cursor 中打开控制台，输入"npm install"命令安装必要的环境，安装完成后，输入"npm run dev"命令，我们将在控制台看到一个本地地址"http://localhost:3000"，访问该地址就能在本地查看 blot.new 开发的前端页面样式。

在这个过程中，如果你不会操作，那么可以在 Cursor 中向 AI 求助，发送如下提示词。

> 我是一个小白，不懂任何编程技术，请你一步步告诉我该如何在本地运行这个项目，我完成一步，你再说下一步。

该过程使用 Agent 模式或 Ask 模式均可。

第九步，继续在 Cursor 中完善、调整页面的样式细节。

至此，我们就使用 blot.new 基于 Next.js 框架开发了一个美观的、有设计感的前端页面，整个流程非常清晰，逻辑非常简单，对新手非常友好。各位读者不妨试一试。

第 4 章
进阶：iOS App 低门槛高收益开发之路

过去，很多人（包括程序员）不见得具备开发 iOS App 的能力和经验，而且一直以来，做 App 都是一件高难度、高成本的事。所以，过去经常看到独立开发网站的，但是极少看到独立开发 App 的。

今天，有了 AI 的帮助，开发网站和开发 iOS App 在难度上没有本质差别，在开发时间上也没有本质差异。而且开发 iOS App 比想象中更简单，不用像开发网站一样安装开发环境、依赖、框架等，iOS App 专用的 Xcode 代码编辑器能够完全解决这些问题。

相比于网站开发，开发 iOS App 是一件在同等单位时间下，投入产出比更高的事。相比于安卓市场，iOS App 上架也更快、更简单。

国内手机厂商各自为战，如果开发安卓 App 并上架，需要上架至少五个应用市场，而且各平台的上架要求不同，光上架的时间成本可能都要高于用 AI 开发 iOS App。

iOS App 上架会收取 99 美元开发者账号年费，虽然安卓 App 上架免费，但是隐性成本更高：每个 App 上架时会被要求提交软件著作权证书，办理费用约为 200~300 元，且需要 3~4 周时间才能办好，而 iOS App 开发完成当天就能提交上架，第二天就能审核上线。

开发 iOS App 的一个主要优势是，其有着成熟的生态和海量的优质用户。iOS 用户的付费能力比安卓用户更强，你可能很少见到订阅制安卓 App，但是在 iOS 市场中，随处可见靠订阅 App 赚钱的独立开发者。

最重要的一点是，iOS 有着成熟的应用生态，开发 iOS App 根本不用担心变现问题，平台自动为开发者提供了会员订阅、App 内购、付费下载、广告植入这四大变现模式。

如今，很多应用开发者都会遇到由于平台不兼容而导致的支付、收款问题，而 iOS App 给予所有独立开发者通过 Apple Pay 进行支付的权利，很好地解决了这一问题。

综上，iOS App 可以说是所有使用 AI 编程的开发者的首选。

4.1 前期准备：新手必备 iOS App 开发指南

开发 iOS App 只能使用 macOS 系统，不能使用 Windows 系统，这是因为 iOS App 属于一个封闭的生态，其与 Windows 系统不兼容。虽然封闭的生态可能带来一定的开发门槛，但对于多数使用 AI 编程的独立开发者来说，这是一件好事。因为，有门槛就意味着竞争者更少，赚钱也更容易。

开发 iOS App，你需要准备：

- 一台 macOS 系统电脑。
- 一根原装数据线，用于连接电脑和手机。
- 一个 Apple 开发者账号（年费 99 美元）。

首先，对于电脑的选择，大家可以根据自己的实际情况选择更具性价比优势的设备。这是一项有着长期回报的投资，而不是一件单纯的消费性电子产品。

其次，连接电脑和手机的数据线很重要，因为我们需要将开发好的 iOS App 编译并安装到手机上进行测试，非原装的数据线可能无法实现连接，或连接不稳定。

最后，最重要的就是 Apple 开发者账号。虽然 Apple 官方会收取 99 美元的年费，但这是开发 iOS App 的必备条件。好处是，除了 99 美元年费，上架 iOS App 没有其他费用，而且一年内无论上架多少都不受限制。

那么如何注册 Apple 开发者账号呢？步骤如下。

（1）准备一个 Apple ID，最好是用 iCloud 邮箱注册的。

（2）在 App Store 中搜索 Apple Developer 并下载。

（3）在 Apple Developer 中登录 Apple ID 并根据要求填写资料。

（4）根据页面提示支付 99 美元年费。

注册 Apple 开发者账号需要注意以下问题。

- 注册时使用的设备（电脑、手机、平板电脑）的历史登录 ID 不能超过 3 个，否则可能会被认定为使用公共设备而遭到拒绝。
- 使用首次经过实名认证的 Apple ID 进行注册，如果你已经是一名 Apple 的老用户，则不建议重新申请 Apple ID 来注册 Apple 开发者账号。
- 尽量在一台设备上完成所有注册环节，且过程时长不超过 90 天。
- 注册前 Apple ID 上已经绑定了微信支付、支付宝支付等。
- 如果遇到注册失败的问题，最好直接发邮件（chinadev@Apple.com）联系 Apple 开发者团队，这样做效率最高。

注册好 Apple 开发者账号后，需要在 App Store 中搜索并下载 Xcode，并确保电脑的系统为最新版本，同时将 Xcode 升级至最新版本。

启动 iOS App 开发的操作步骤如下。

（1）如图 4-1 所示，打开 Xcode，单击"Create New Project"创建新项目。保持默认设置，单击"Next"按钮进入下一步，如图 4-2 所示。

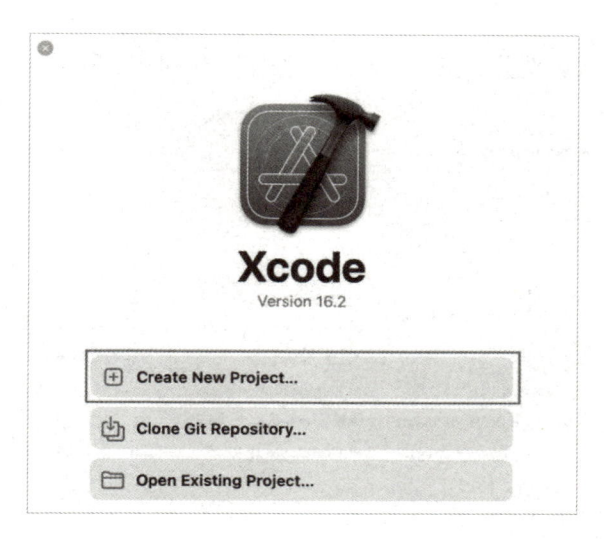

第 4 章　进阶：iOS App 低门槛高收益开发之路　　113

图 4-1

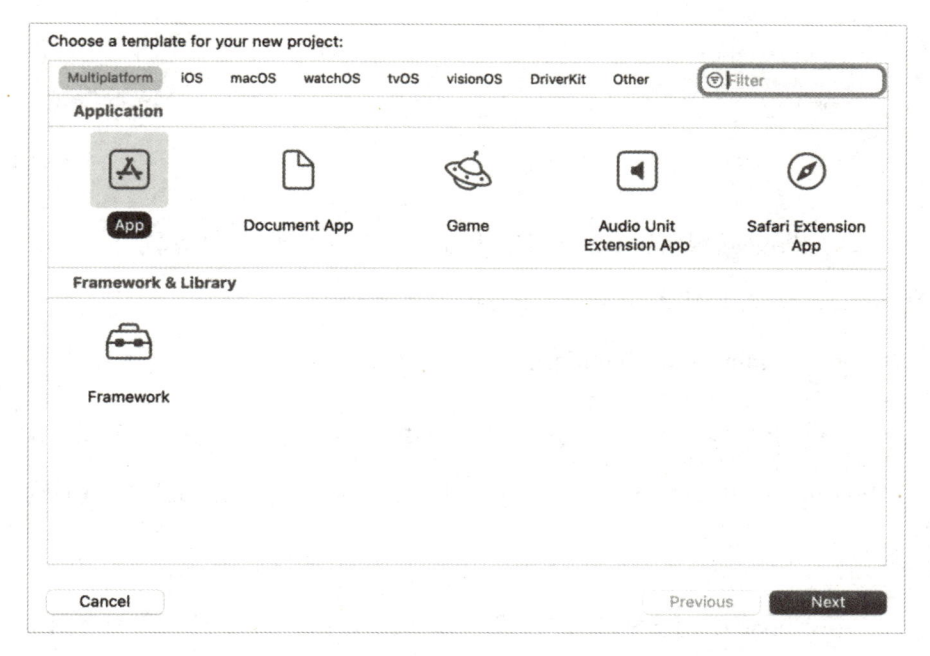

图 4-2

（2）在"Choose options for your new project"页面输入必要信息，其

他选项保持默认设置，点击"Next"按钮，如图 4-3 所示。

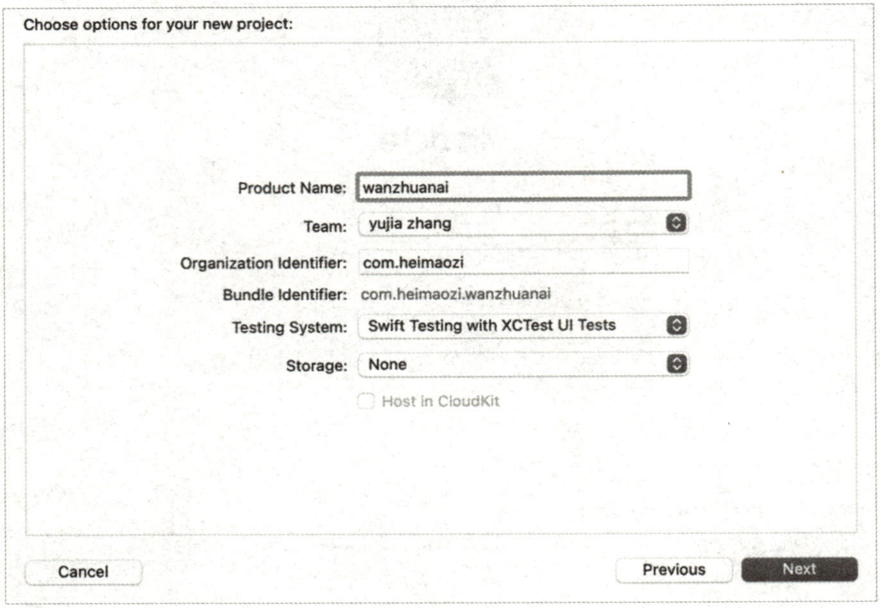

图 4-3

- Product Name 处输入项目名称，使用英文或拼音形式。
- Team 处输入注册的 Apple 开发者账号。
- Organization Identifier 处输入反写域名，格式为"com.域名."。

（3）上一步之后，会提示在哪里创建 Xcode 的项目文件，这里选择"Desktop"（电脑桌面），如图 4-4 所示。然后单击"Create"按钮创建项目。

在 Xcode 中创建好项目后，你会看到自动生成的目录结构，如图 4-5 所示。以我创建的项目为例，我创建了一个名为"wenshengtu"的 iOS App 项目，里面包含 wenshengtu、wenshengtuTests、wenshengtuUITests 这三个文件夹。其中，wenshengtu 是项目的根目录。

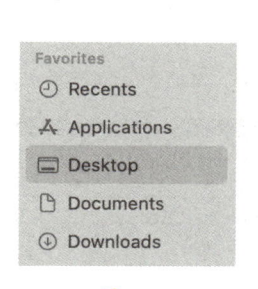

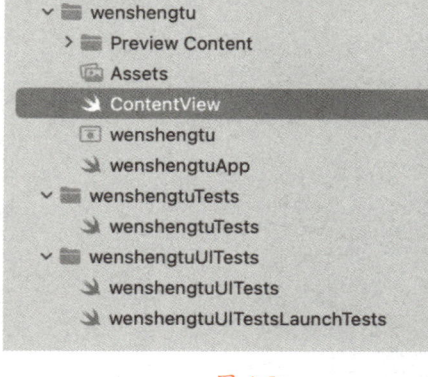

图 4-4

图 4-5

wenshengtu 根目录下文件的作用如下。

- Preview Content：用于存放开发者在测试应用时使用的素材或文件，可以不必关注其作用。
- Assets：在这里上传 iOS App 图标（1024 像素×1024 像素的 png 或 jpg 格式的图片），以及 App 中的其他图标文件。
- ContentView：iOS App 的主视图文件，也就是用于打开 App 首页的文件。任何 AI 生成的名称中包含 View 的文件，均是视图文件，也就是 iOS App 中各种页面的文件。
- wenshengtu：这个文件前面的图标像奖状一样，是 App 的访问权限文件，例如 App 访问需要用户授权，则需要在这里编写代码。

（4）使用 AI 编程工具打开 iOS App 的项目根目录，就可以使用 AI 开发 iOS App 了。AI 在编程工具中生成的代码、文件也会被自动同步到 Xcode 中。

Xcode 目前没有中文汉化插件，如果你的英语能力一般，则可以配合使用截图翻译工具。下面我们简单介绍 Xcode 的设置（见图 4-6）。

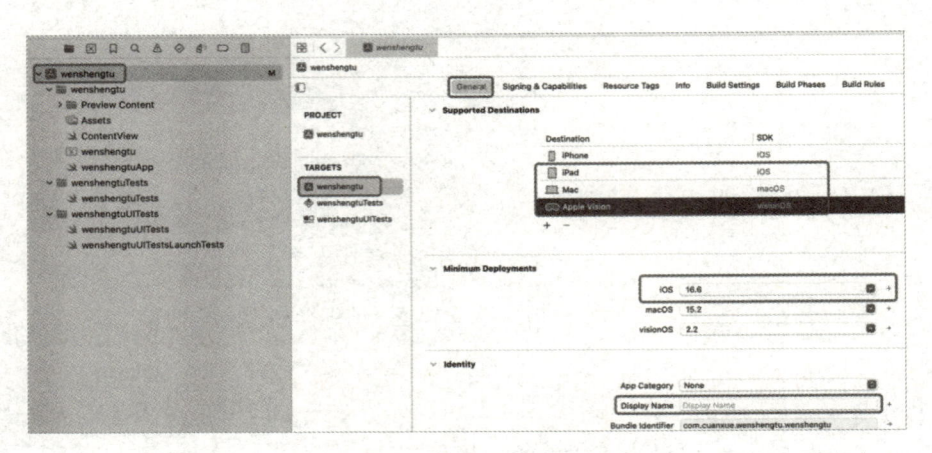

图 4-6

首先选择项目，然后单击"General"，在"Supported Destinations"区域里移除 iPad、Mac、Apple Vision 等不会上架 App 的设备类型，只保留 iPhone。因为不同设备的屏幕尺寸不同，会有一些页面设计上的兼容性问题，给 AI 编程带来一些不必要的麻烦。

Minimum Deployments 处用于设置 iOS App 支持的最低系统版本，建议越低越好，如果你开发的 iOS App 对系统版本要求过高，则可能会影响系统版本较低的 iPhone 用户下载，对 App 在应用商店中的流量和用户体验造成影响。Identity 中的 Display Name 处可设置 App 的名称，支持中文和英文。

完成这些操作，我们就准备好了开发 iOS App 所需的基本环境。

4.2 实战：60 分钟开发 iOS App 版 DeepSeek 对话助手

在实战中，我们来开发一个 iOS App 版本的 DeepSeek 对话助手。

希望借助这个实战案例，你能从 0 到 1 体验 iOS App 的开发流程，并成功将自己的第一个 iOS App 编译到手机上运行！如果你有一些好的想法，那你完全可以在此版本的基础上添加更多功能，并将其上架至 App Store，让朋友们下载和使用。

与第 3 章的实战相同，我们依然遵循模块化开发的原则实现 iOS App 的各项功能。先实现页面样式，再实现页面功能。

实现页面样式有两种方法。

第一种方法是事先设计好要实现的 iOS App 的页面样式、布局和功能，在 README.MD 文件中用文字清晰描述（过程可以参照 3.1 节）。不过这种方法对于初次使用 AI 编程的新手来说会有一定的难度，因为靠文字描述生成的页面样式具有不确定性，比较依赖提示词的质量。

第二种方法是找到一张与想要实现的 iOS App 页面样式类似的图片，将图片发送给 AI，直接让 AI 仿写页面的样式和布局，AI 基本能够做到一比一还原。

两种方法各有优势：第一种方法更适合开发一些功能复杂的 App，运用我们在入门篇中讲到的三步提问法构建 README.MD 文件去启动开发；第二种方法更适合开发一些功能确定的 App，你完全可以参照相同类型的 App 找到页面样式，让 AI 去模仿实现。

因为本节要实现的 App 的功能是确定的，因此我们采用第二种方法来实现。对于多数初次使用 AI 编程的人来说，好看的页面样式能带来更多的信心和正反馈。在这一节中，我们还会用到 DeepSeek 的 API 能力，以实现对话助手的核心功能。充分运用 AI 大模型的能力升级 App 的功能可以让你开发的 App 拥有出奇制胜的机会。

第一步，在项目的根目录下存储开发 iOS App 的 rules 文件。

第二步，将 DeepSeek App 的首页截图，作为参考发送给 AI。提示词如下。

> 这是一个基于 DeepSeek API 实现的 AI 对话助手 iOS App 项目，我们先来实现页面的样式，请你一比一仿照图片实现，但暂不实现页面的功能。

> ⚠ 注意：如图 4-7 所示，这里引用了 ContentView.swift 文件（App 首页文件），因为我们需要告诉 AI 具体修改哪个页面。如果不引用这个文件，那么 AI 就会重复生成新的首页文件，对后续的开发造成一些不必要的影响。在开发任意一个 iOS App 项目时，都要引用 ContentView.swift 文件。

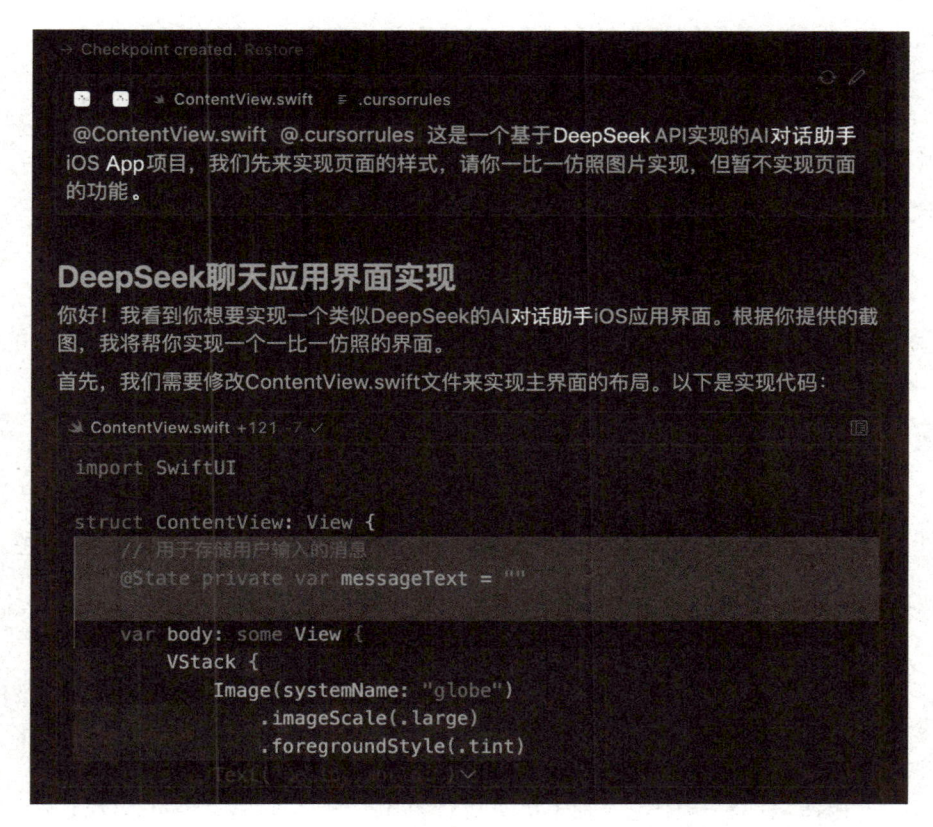

第 4 章　进阶：iOS App 低门槛高收益开发之路　| 119

图 4-7

第三步，调整设计细节。向 AI 发送如下提示词。

> 请你优化页面的设计细节，尽可能做到和原图完全一致。

图 4-8 是 AI 最初生成的页面样式，图 4-9 是经过优化后的页面样式，对比两个页面，优化后的页面样式在布局、排版上都更加美观。

图 4-8   图 4-9

第四步，将程序编译到手机上进行测试。编译前要进行如下设置。

- 打开手机设置，搜索并打开"开发者模式"，用原装数据线将手机和电脑连接起来，连接后在手机上"信任"设备。

- 在 Xcode 中找到 Signing & Capabilities，确保 Team 处已登录 Apple 开发者账号，勾选 Automatically manage signing 选项，系统会自动创建证书，如图 4-10 所示。

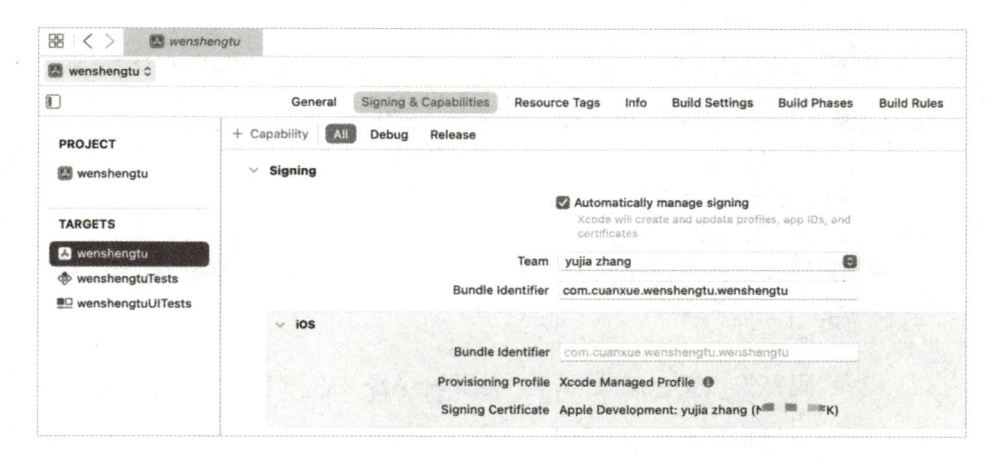

第 4 章　进阶：iOS App 低门槛高收益开发之路　｜　121

图 4-10

做好上述设置后，开始编译。如图 4-11 所示，在 Xcode 顶部的设备栏找到并选中已连接的设备，单击 Xcode 页面左上方的"右三角"图标就可以开始编译了。打开手机等待 App 自动安装结束就可以进行测试了。

图 4-11

你也可以在设备栏中的 iOS Simulators 区域选择不同类型的设备模拟器进行测试，这样就无须连接手机进行测试了。这一功能对 Mac 电脑的性能要求较高，建议电脑内存不低于 24G。

如果在编译过程中出现"感叹号"图标，则说明遇到了报错，Xcode 页面左侧将显示报错信息。可以将报错信息复制下来并发送给 AI 处理，一般来说，功能越复杂、代码量越多的应用，在初次编译时遇到的报错信息就越多，往往需要经过多轮对话才能有效地解决问题。

一般情况下，iOS App 的报错有如下几种（见图 4-12）。

- 编译报错：红色感叹号，如果不处理，则 App 不能被编译到手机上运行。
- 代码警告：黄色感叹号，不会影响 App 实际运行，可以留到开发收尾阶段再处理。
- 编译警告：紫色感叹号，不会影响 App 实际运行，但表示代码存在问题，建议立即修改。
- 控制台报错：在编译页面的右下角区域显示报错信息，当 App 被成功编译到手机上时，如果 App 运行存在问题，则同样会在这里显示报错信息。
- 线程运行报错：简单来说就是 App 代码文件存在错误和冲突，这种情况会造成虽然已成功将 App 编译到手机上，但是无法正常加载和打开页面，或者在使用某个功能时 App 直接卡死、崩溃的情况。

对于不同类型的报错信息，你可以不必弄清楚，出现问题时让 AI 来解决即可。一轮对话解决不了，就再来一轮。

在将 App 编译并安装到手机上后，如果一些功能无法正常运行，或者一些页面的设计不符合预期，则可以继续以通俗易懂的话语向 AI 描述问题，让 AI 来帮忙解决。

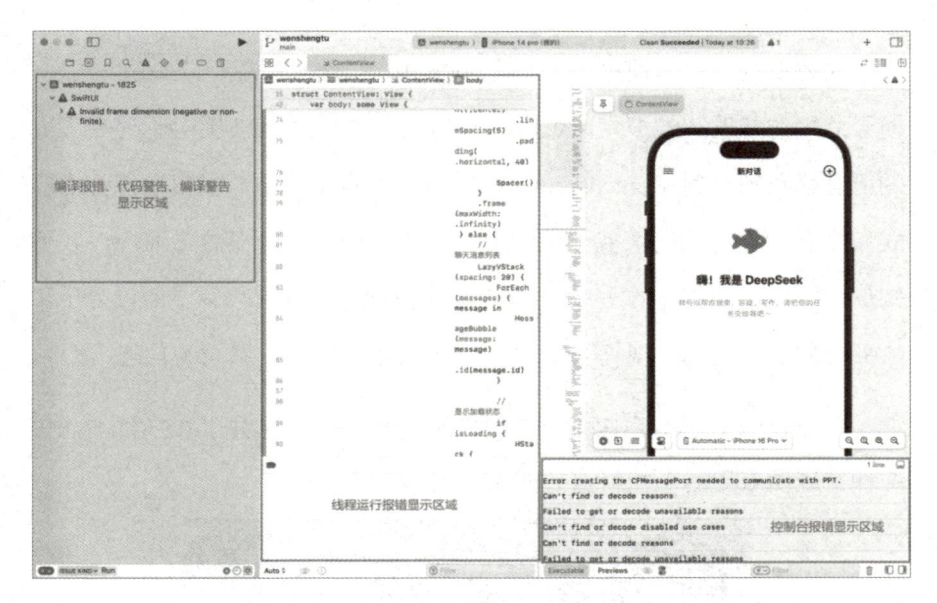

第 4 章　进阶：iOS App 低门槛高收益开发之路 ｜ 123

图 4-12

第五步，实现页面交互的功能。

在将 App 编译并安装到手机上后，我发现页面上的很多按钮都无法点击，这说明 AI 没有实现页面交互功能。发送以下提示词，让 AI 实现页面交互功能。

> 下面，请继续实现实际的页面交互功能，但是暂不实现业务逻辑。请将单个文件的代码量控制在 300~400 行，对于不同的组件、功能，可以创建新的文件来实现，便于后续的开发和维护，尽量以最简单的技术方式来实现。

我在上述提示词里让 AI 实现页面交互功能，但是暂不实现每个功能的业务逻辑，简单来说就是让页面上的按钮具有可点击的效果，但是没有任何实际作用。这是对模块化开发方法的细化，不仅将前端和后端分开实现，还将前端的样式和交互功能分开实现。

我还在这句提示词里让 AI 为不同的组件、功能创建新的文件去实现，便于后续的开发和维护。这是因为，如果不这么做，AI 就会将整个页面的所有代码都写到 ContentView.swift 这一首页文件中，仅仅实现页面样式和交互功能的代码量就可达到七八百行，使文件变得异常臃肿。我们知道，即使引用具体的文件，AI 也不能阅读七八百行代码，所以为了不给后面的业务逻辑实现埋下大坑，这里让 AI 分开实现不同的功能、组件。

AI 不仅分别创建了不同功能、组件的文件，还主动创建了 README.MD 文件来说明应用的功能特点，如图 4-13 所示。

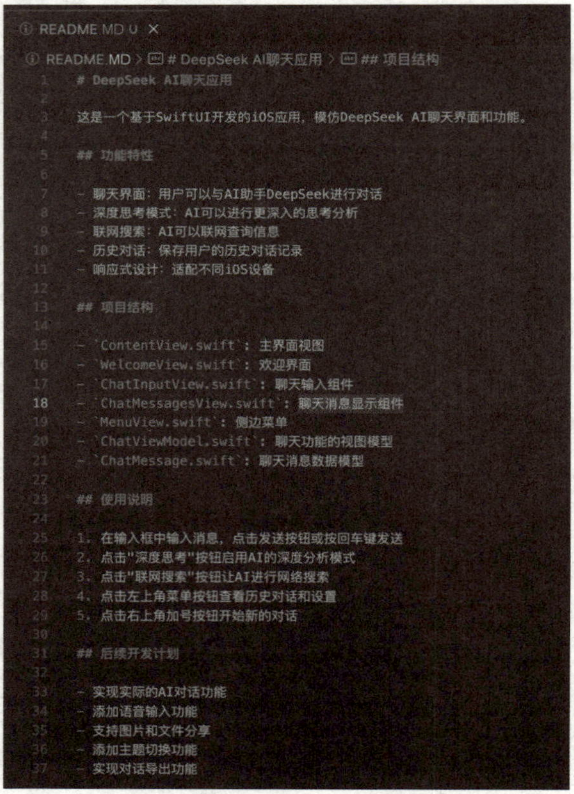

图 4-13

第 4 章 进阶：iOS App 低门槛高收益开发之路 | 125

第六步，调试应用的交互功能。

通过 AI 实现了 iOS App 的交互功能后，再次将 App 编译并安装到手机上，却发现在点击输入框弹起键盘后，输入框没有正确显示在键盘上。所以这一步我们来调试一下应用的交互功能，使其能够正确显示。

首先在原来的对话窗口中向 AI 发送提示词，描述问题，如图 4-14 所示。

> 点击输入框，弹起键盘后，输入框没有显示。

> 点击输入框，弹起键盘后，输入框没有显示。
>
> › Search completed (15 files)
> › Final Codebase Context
>
> **修复输入框键盘弹起问题**
> 我们需要修改 `ChatInputView.swift` 文件，确保键盘弹起时输入框正常显示。问题在于当键盘弹起时，输入框可能被键盘遮挡。

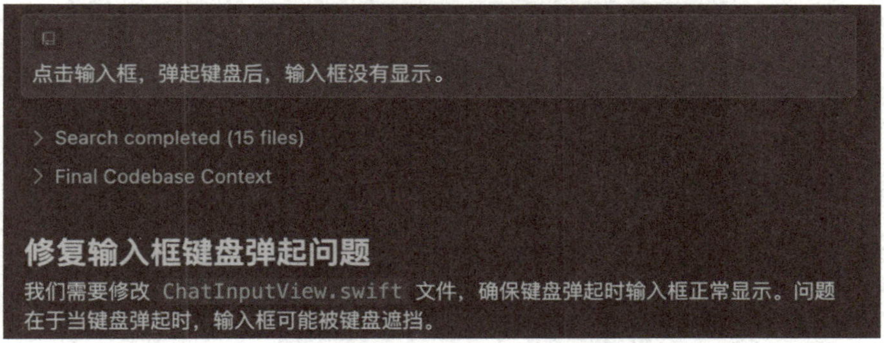

图 4-14

然后新建一个对话窗口，继续向 AI 发送提示词

> 请你优化弹起键盘时的输入框的样式、布局。

这两步没有严格意义上的提示词模板，只要能将需求表达清楚、明确就行。

调试应用交互的过程也不是一蹴而就的，往往在这个环节中会涉及很多细节，每次调试都要进行重新编译和安装，是一个比较烦琐的过程。但是无论有多少问题，需要添加多少功能，都可以用模块化开发方式一步步去实现，每次只实现一个功能，只解决一个问题。

经过调试后，输入框正确显示在了键盘上方，如图 4-15 所示。

图 4-15

对于目前的 iOS App 来说，可以优化的细节还有很多。比如，可以优化 DeepSeek 的图标，换成自己上传的图片。再比如，可以在对话消息部分增加复制功能，在键盘的右下角增加换行按钮等。可以在实践过程中尽可能多地尝试实现这些细节，但要注意时刻做好备份，知道如何回退之前的代码。

第七步，实现核心业务逻辑，创建 API.MD 文件。

第 4 章 进阶：iOS App 低门槛高收益开发之路

实现 App 的对话功能，该过程和 3.2 节的网页版 DeepSeek 对话助手类似，方法都是可复用的。即使开发安卓 App，开发浏览器插件、微信小程序，业务逻辑的实现方法在本质上也是没有变化的。

先来创建 API.MD 文件，还是使用 DeepSeek 的 API 能力。

> API 调用文档网页链接：xxx
>
> API Key: xxx
>
> API 调用文档内容：整体复制粘贴
>
> curl 代码示例：复制粘贴

在 API.MD 文件中，使用了生成速度更快的 DeepSeek-V3 模型，内容如图 4-16 所示。

图 4-16

第八步，实现 API 的调用，实现对话功能。

有了前面的 API.MD 文件，这里直接向 AI 发送提示词即可让 AI 实现对话功能。注意这里要引用 README.MD 文件和 API.MD 文件。

> `@README.MD` `@API.MD` 下面我们来实现应用的对话功能。

第九步，打包编译，将 App 安装到手机上测试。

在这个环节中，打包编译时，Xcode 出现编译报错，如图 4-17 所示。将报错信息发送给 AI 处理，注意要引用 ChatViewModel 文件，因为我们可以清晰看到错误提示的位置是这个文件。引用正确的文件能让 AI 更有效地定位问题。

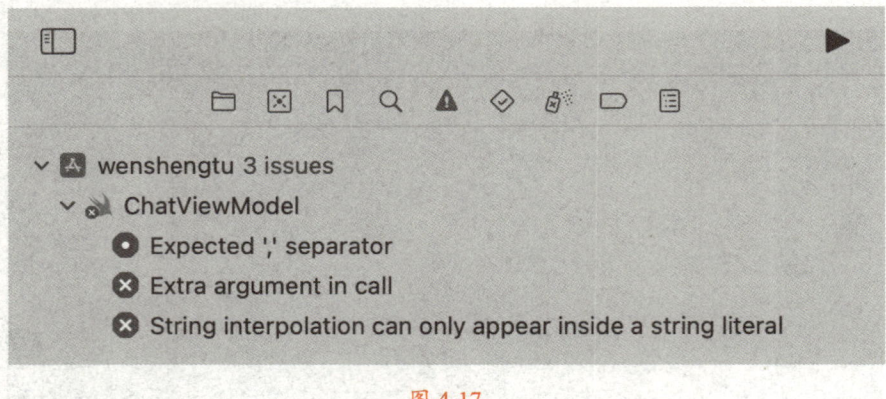

图 4-17

在 AI 修复问题后，我们在 Xcode 中使用组合键 "cmd+Shift+K" 打开清理项目数据的页面，单击 "Clean" 按钮清空上一次编译时产生的缓存数据和报错信息（见图 4-18），重新打包编译并安装，测试对话功能是否正常。此时可以看到，对话功能正常，如图 4-19 所示。

图 4-18

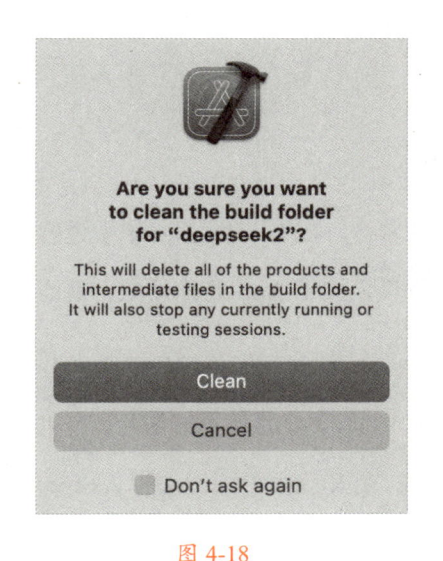

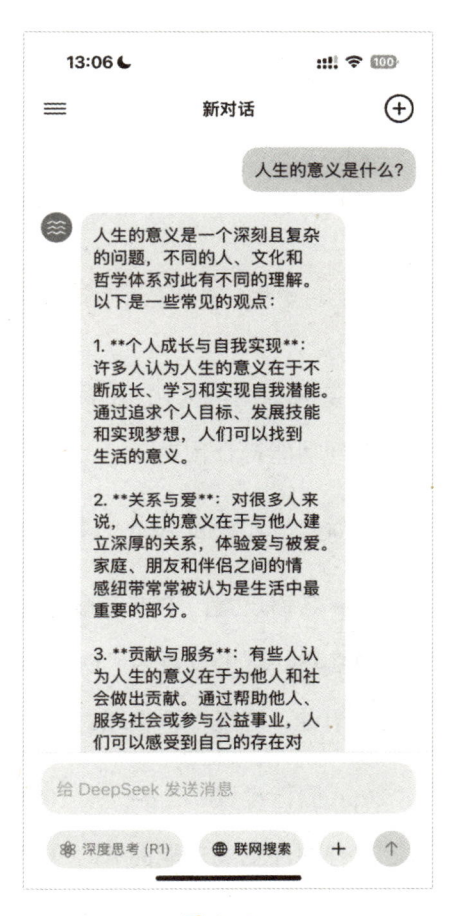

图 4-19

第十步，调试其他问题。

经过测试，我发现在和 AI 对话并退出 App 后，历史消息没有得到正确保存，这说明 AI 还没有实现数据持久化（缓存历史数据）功能，这一步我们来实现这一功能。

数据持久化是很多不懂技术的小白最容易忽略的功能，因为任何类型的 App 都会涉及数据存储问题，就像我们花了很长时间写了一篇文章，如果因为没有及时保存而全盘消失，那将是什么感觉？绝对堪称灾难级问题。

所以，这一步可以向 AI 发送如下提示词。

> 请实现数据持久化的功能，将对话记录持久缓存在本地。

AI 实现数据持久化功能后，我们要做的就是重复打包编译和安装测试，直到功能符合预期。

最后一步，设置 App 的名称、图标。

App 名称设置：单击 Xcode 中的项目名称，在 Display Name 中设置 App 的名称，这里设置为"DeepSeek 助手"。关于 App 名称设置，前面已经介绍过，这里不再赘述。

App 图标设置：准备一张 1024 像素×1024 像素的正方形图片，可以通过具有图片生成功能的 AI 大模型来生成。在 Xcode 中依次选择 Assets、AppIcon，将图片拖动至其中，如图 4-20 所示。

将 App 打包编译并安装到手机中，此时就可以看到 App 在手机中的显示效果了，如图 4-21 所示。

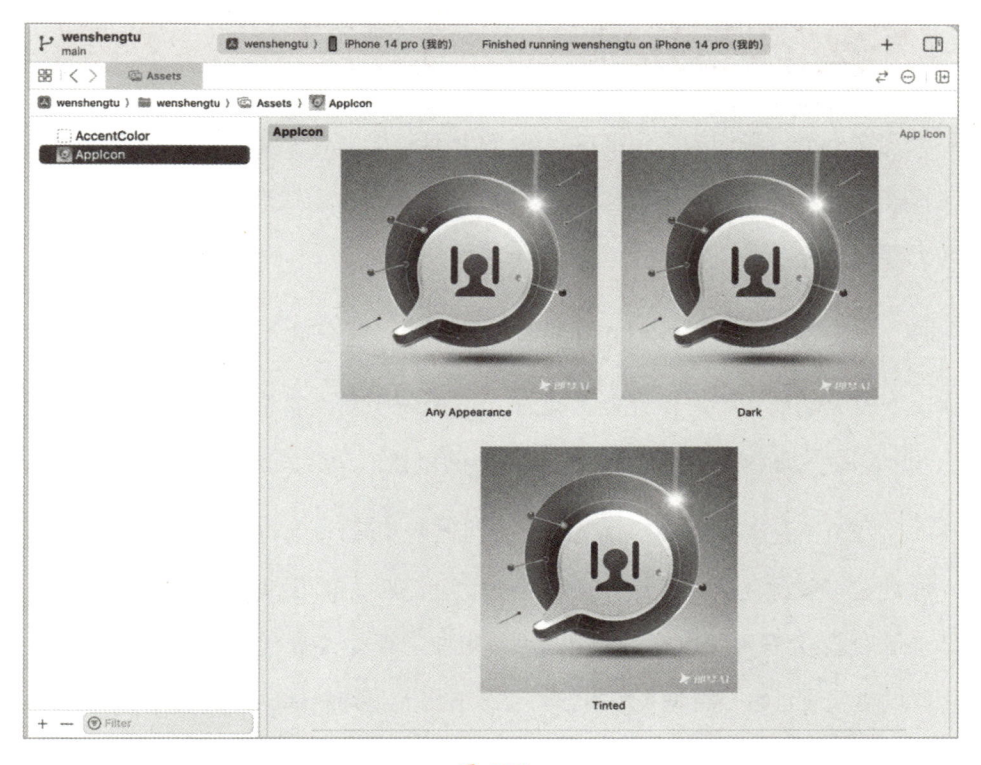

第 4 章　进阶：iOS App 低门槛高收益开发之路 | 131

图 4-20

图 4-21

至此，我们已经基本完成了 iOS App 版 DeepSeek 对话助手的开发，但是该 App 仍有很多细节需要调整和改进。限于篇幅，这里不做过多演示，大家可以在目前这个版本的基础上做更多的改进。

4.3 上架攻略：App Store 全球分发

这一节，我们来介绍 iOS App 的上架流程。对于上架，你依然不用懂任何技术，只要知道操作流程，就能在 30 分钟内快速将一个 iOS App 上架到 App Store，并让全球用户下载和使用。

我们来说一下 iOS App 上架的基本要求，具体如下。

（1）功能完整：保证要上架的 App 是一个功能完整且能正常使用的 App，而不是半成品，因为 Apple 官方的审核人员会测试 App 是否正常。

（2）不是套壳的同质化 App：从网上购买源代码，或从 GitHub 等开源社区下载源代码，然后不做太多改动就上架发布，这是不行的。在 App Store 上架会有两层审核，一层是系统审核，查看 App 代码和已有 App 代码的重复度；另一层是人工审核，会有工作人员判断你的 App 是否涉嫌抄袭。所以我们一定要在 App 中融入一些个人想法，以避免审核不通过。

（3）不涉及侵犯版权问题：比如你想要做一个电子书阅读 App，或者做一个音乐在线播放 App，这里的问题就比较多了。App Store 会要求你提供版权方的授权证明，如果没有这方面的证明，就要谨慎做这类 App。

除此以外，在 App Store 上架 App 就相对简单了，对于上架安卓 App 所需的软件著作权、域名 ICP 备案、App 备案证书等，App Store 没有强制要求。在上架前，我们需要检查以下内容。

- 已设置 App 图标。
- 已设置 App 名称。

- 支持的设备类型为 iPhone，不包含 App Vision 等其他类型的设备（如果支持的设备类型太多，则要考虑样式上的兼容性问题，还要准备各种尺寸的 App 图标，对于技术小白来说纯属徒增困难）。
- 确保 App 支持的系统版本不是最高的（建议比最高版本低两个版本，以面向更多系统版本的终端用户）。
- 确保没有编译报错、编译警告、控制台报错等明显 BUG。
- 确保 App 的各项功能能在手机上正常运行。
- 确保已在 Xcode 上登录 Apple 开发者账号，已勾选 Automatically manage signing 选项自动创建证书。

下面我们来介绍具体的 App 上架流程。

第一步：登录 Apple 开发者官网，新建 App。

第二步：进行 Xcode 设置。这一步我们在 4.2 节中进行过详细介绍，此处不再赘述。注意，Bundle Identifier 处的格式是"com.域名.项目名"，如图 4-22 所示。

第三步，选择"Signing&Capabilities"，在 Capabilities 处勾选 App 想要访问用户的网络权限，比如 5G 网络、Wi-Fi 等，然后单击"Continue"按钮继续设置，如图 4-23 所示。后面的设置比较简单，这里不做详细说明，简单来说就是保持默认设置，最后单击"Register"按钮完成基本设置。

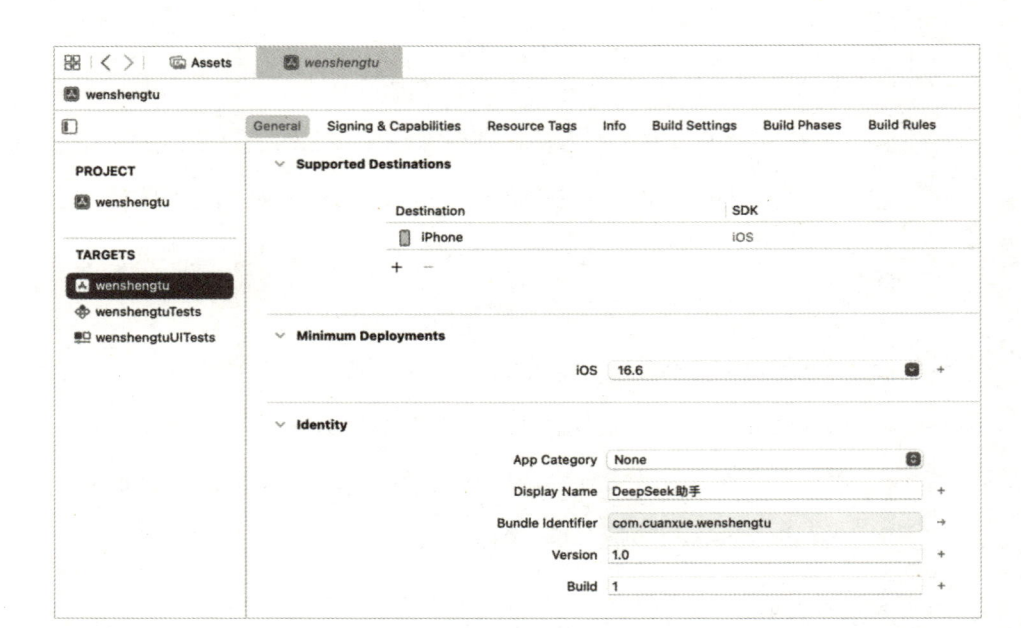

图 4-22

图 4-23

第四步，返回开发者官网的"新建 App"页面，勾选正确的平台，设置 App 名称和开发 App 的主要语言，套装 ID 选取开发者的 Apple ID，SKU 可以任意命名，用户访问权限选择"完全访问权限"，单击"创建"

按键，如图 4-24 所示。然后将进入上架 App 的分发页面，如图 4-25 所示。

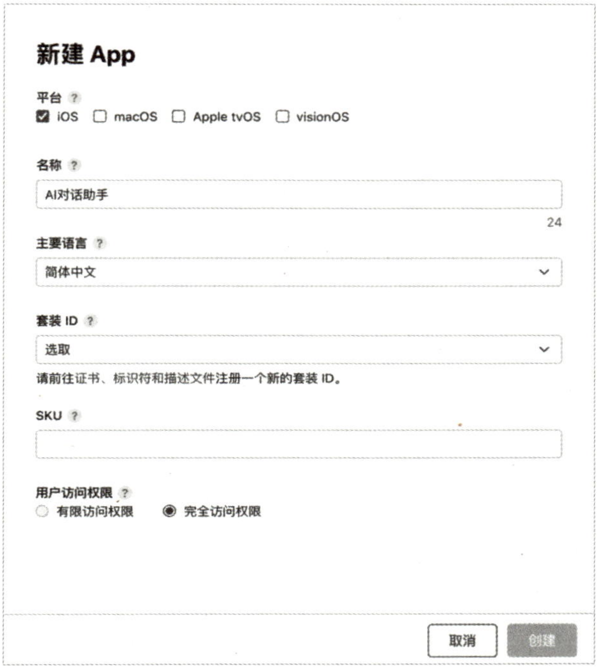

图 4-24

图 4-25

第五步，创建证书（手动方法）。

如果你使用的是最新版本的 Xcode，则可以勾选 Automatically manage signing 选项自动创建证书（前面已经介绍过），并略过这部分内容。但如果你使用的是低版本的 Xcode，则需要手动创建证书、配置文件，然后在 Xcode 中取消勾选 Automatically manage signing 选项并手动上传证书文件。具体步骤如下。

（1）在 Mac 电脑中，通过"cmd+空格"组合键搜索并打开钥匙串访问页面，依次选择证书助理、从证书颁发机构请求证书，如图 4-26 所示。

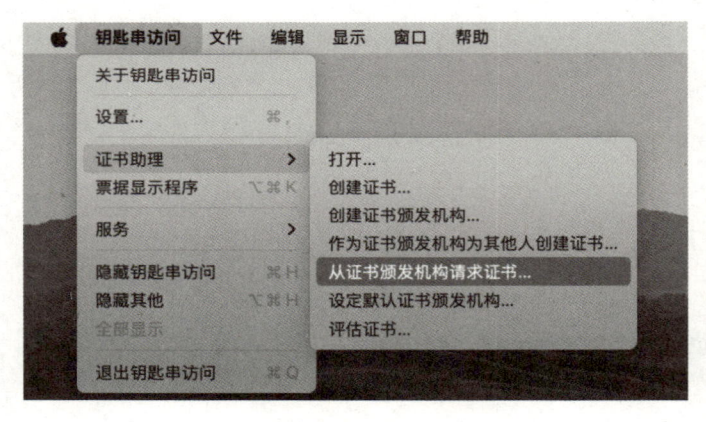

图 4-26

（2）进入"证书助理"页面，在用户电子邮件地址处填写 Apple 开发者账号，选择存储到磁盘并存储到电脑任意位置，单击"继续"按钮，如图 4-27 所示。经过这一步，你会得到一个证书文件，如图 4-28 所示。

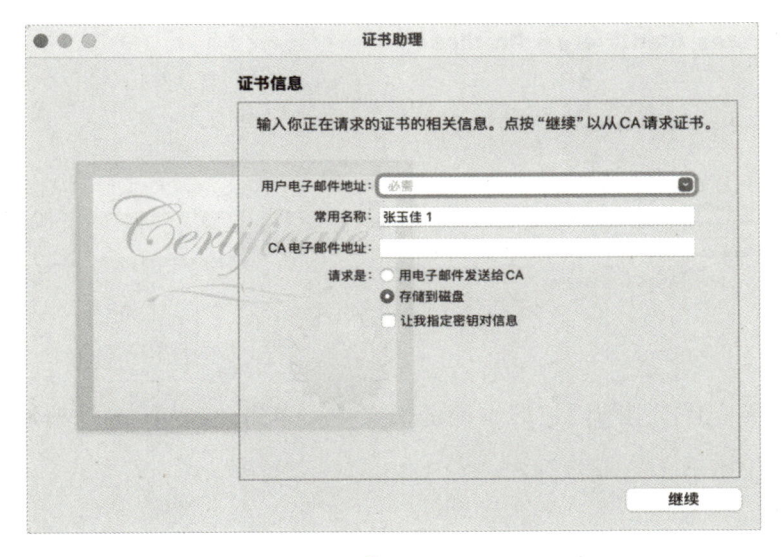

第 4 章　进阶：iOS App 低门槛高收益开发之路 ｜ 137

图 4-27

图 4-28

（3）回到 Apple 开发者后台，找到"Certificates, Identifiers & Profiles"页面，单击 Certificates 旁边的"加号"图标创建证书，如图 4-29 所示。

图 4-29

（4）在 Software 处选择 Apple Distribution，单击"Continue"按钮，如图 4-30 所示。

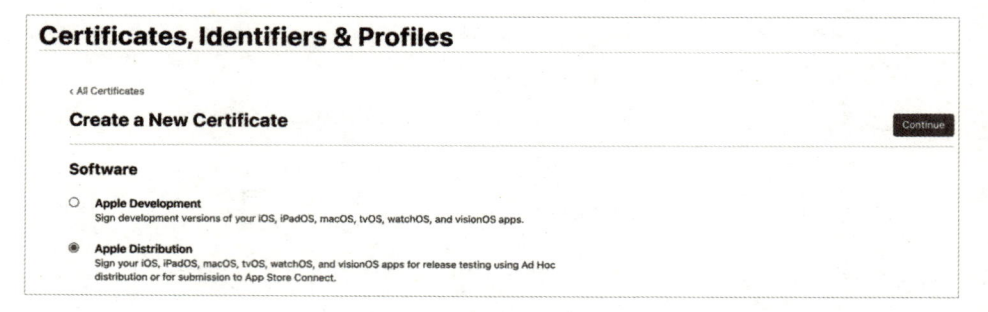

图 4-30

（5）上传刚刚创建的本地证书文件，单击"Continue"按钮，如图 4-31 所示。

图 4-31

（6）回到"Certificates, Identifiers & Profiles"页面，选择 All Profiles 创建配置文件，在 Distribution 处选择 App Store Connect，单击"Continue"按钮，然后选择已创建的证书并自定义名称，如图 4-32 所示。

（7）打开 Xcode 设置，取消勾选 Automatically manage signing，选择"Import Profile"，导入刚刚下载的配置文件和证书即可，如图 4-33 所示。

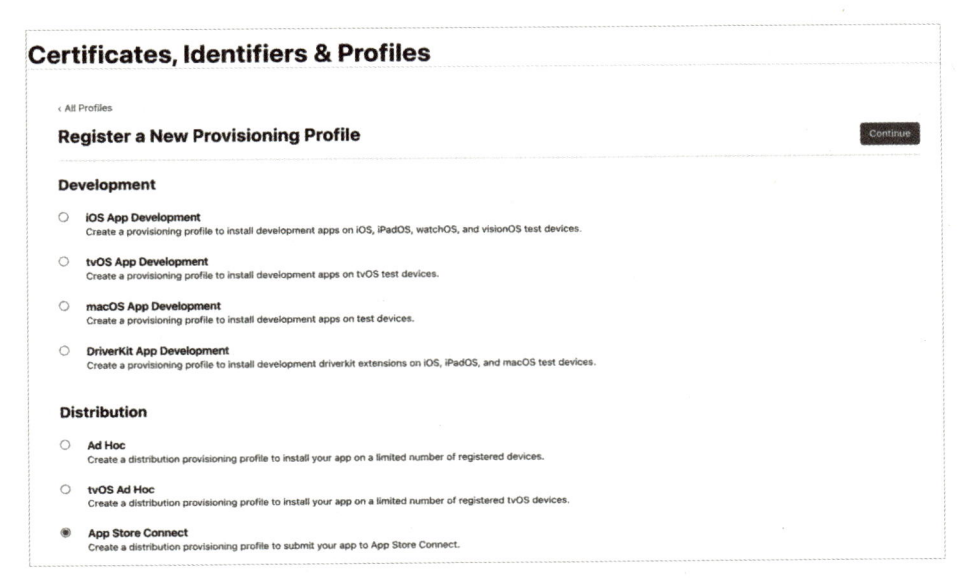

图 4-32

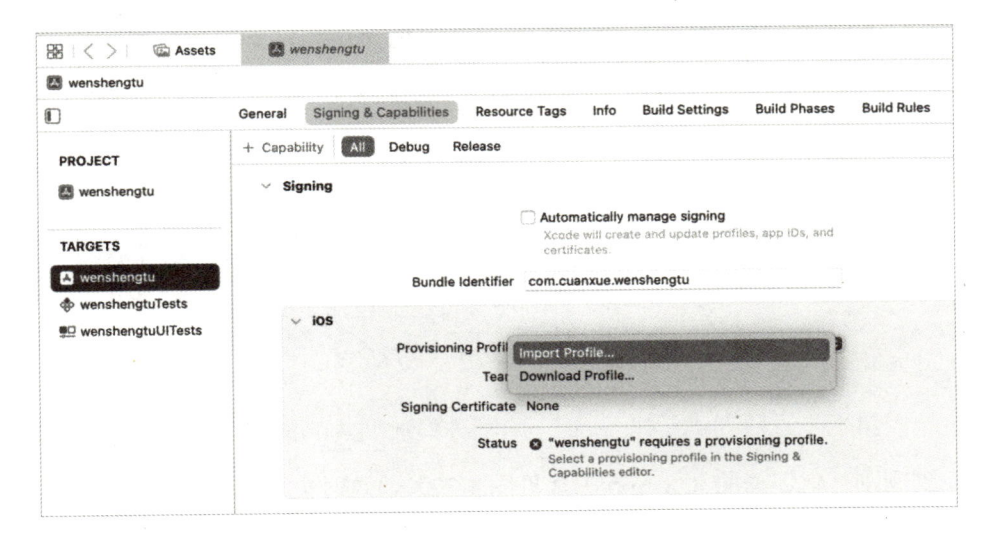

图 4-33

第六步，打包编译 App 并上传。在设备栏中勾选 Any iOS Device（arm64）（见图 4-34），然后在 Xcode 中依次选择 Product、Archive 进

行打包编译（见图 4-35），再单击"Distribute App"按钮，选择 App Store Connect（见图 4-36）。

图 4-34

图 4-35

图 4-36

第七步，回到"新建 App"页面，单击"TestFlight"选项就可以看到刚刚打包编译的 iOS App 了（见图 4-37），这时需要对 App 版本状态进行管理，选择 App 的加密文稿并进行存储。

第 4 章 进阶：iOS App 低门槛高收益开发之路 | 141

图 4-37

第八步，上架。根据 App 上架要求提交相应的资料和信息，整体操作比较简单，重点在于 ASO 和技术支持、用户协议操作等。

> **提示**：做 ASO 可以为 App 在应用商店中带来自然搜索流量，具体的方法我会在商业篇中详细说明。

在 App 上架过程中，Apple 官方会要求你填写隐私协议、用户协议、技术支持这三个网址，所以需要在宝塔面板后台创建不同协议的网页。关于这些协议的内容，你不用知道怎么写，交给 AI 完成就可以。以我们开发的 DeepSeek 对话助手为例，我会告诉 AI 关于 App 的特点，提示词如下。

请使用 HTML/CSS 为我新开发的 iOS App 写一个包含隐私协议、用户协议、技术支持的内容，这是一个使用 DeepSeek API 能力实现的智能对话 App，目前用户不需要注册就能使用，我们也不会收集用户的对话信息和其他隐私信息，使用此 App 需要用户授予网络权限，我的联系邮箱是 xxxx@qq.com。

这么做也是为了省事，让 AI 将隐私协议、用户协议、技术支持这三部分内容写到一起，后续在填写相关网址时只需要填写一个。

AI 生成 HTML 格式的内容后，我们使用宝塔面板在新建站点的根目录下新建一个文件，将其命名为"xieyi.html"并将所有内容复制进去即可，访问地址就是域名"/xieyi.html"，需要将其填写到 App 上架信息中。

最后一步，完成其他设置。具体来说包括以下内容。

（1）添加构建版本。

（2）在 App 审核信息处，如果 App 没有用户登录注册功能，则取消勾选相关的功能选项。

（3）添加定价，设置全球供应情况（分发至哪些国家和地区使用）。这些操作比较简单，需要注意的是，如果 App 定价设置为大于 0 元，也就意味着你开发的 App 需要付费才能下载。

（4）上传 App 预览图，设置 App 名称、简介等信息。这里需要说明的是，App 在手机上的实际名称以你在 Xcode 中设置的名称为准。

（5）如果是第一次上架，则需要设置税务相关信息。

一般在提交上架审核后 48 小时内就能得到结果，即使审核未通过也会收到问题原因，解决问题后可以重新提交审核。注意，只要不涉及内容同质化问题，其他问题相对而言都比较容易解决。

4.4 进阶实战：4 小时开发全栈 App（前端+后端+数据库）

本次实战，我们来开发通过网站后台管理应用前端的 iOS App。对于开发这种类型的 App，过去最大的难点在于开发网站和开发 App 所用的编程语言完全不同，形成了学习门槛。而今天，借助 AI 的力量，即使不懂编程语言，我们也能胜任开发任务。

这一次，我们来实现一个能够在线阅读文章的 App，开发者可以通过网站后台在 App 上发布文章。整体开发过程和思路依然遵循模块化开发方式，先实现应用的前端样式，再实现应用的功能，最后实现网站后台的开发与前端 App 的连接。

第一步，先在 Xcode 中创建项目，进行系统、设备类型等方面的设置。这一步在前面的实战中详细介绍过，此处不再赘述。

第二步，在项目的根目录下创建 README.MD 文件。因为我们明确知道想要实现什么样的 App，所以不一定要让 AI 生成 README.MD 文件。可以利用 AI 编程工具的自动补全功能，手动编写 README.MD 文件，将该 App 的页面样式和功能特点描述清楚。如图 4-38 所示。

```
ⓘ README.MD U ×
ⓘ README.MD
这是一个在线阅读文章的ios app，使用Swift语言开发，使用xcode开发工具。

##页面设计

###首页
 ##文章分类
  顶部tab导航栏：文章分类
 ##文章列表
  列表式布局，每个列表项包含文章封面、文章标题、文章作者、文章分类。
 ###文章详情页
  文章详情页包含文章封面、文章标题、文章作者、文章分类、文章内容。
  文章标题为大标题，文章内容为小标题。
  文章排版简洁，让用户可以轻松阅读文章。

###我的页面
  ##我的头像
  ##我的昵称
  ##我的性别
  ##我的个性签名

##视觉设计
深蓝色为主+白色为辅
列表式布局，每个列表项包含文章封面、文章标题、文章作者、文章分类。
清晰的视觉层级，让用户可以轻松区分出不同的内容。
```

图 4-38

第三步，导入项目的 rules 文件，保存到项目的根目录下。

第四步，让 AI 完善 README.MD 文件的内容，可以发送以下提示词。

> @README.MD 请你为我生成用于开发这个 iOS App 的提示词，我目前只想实现页面的设计和样式，暂不实现页面功能。

AI 返回的结果如下。

```
Markdown
请帮我使用SwiftUI开发一个阅读类iOS App的页面,具体要求如下:
```

1. 整体视觉风格

- 主色调使用深蓝色(建议使用 Color(red: 0/255, green: 51/255, blue: 153/255))

- 背景色使用纯白色

- 所有文字需要清晰易读

- 布局要求整洁、现代化

- 需要适配不同尺寸的 iOS 设备

2. TabView 导航结构

- 底部 TabBar 包含两个主要标签页："首页"和"我的"

- TabBar 使用 SF Symbols 提供的系统图标

- TabBar 的选中状态使用主题色

3. 首页设计

- 顶部实现水平滚动的文章分类 Tab 导航栏

- 导航栏下方是文章列表

- 文章列表项包含：

  * 左侧文章封面图(圆角矩形)

  * 右侧信息区域，其中包含文章标题(粗体)、作者信息、分类标签

- 文章列表需要支持下拉刷新

- 点击文章列表中的具体项目跳转到文章详情页

4．文章详情页设计

- 顶部大图展示文章封面

- 文章标题使用大号粗体字

- 作者信息和分类标签采用次要字体

- 文章内容使用适合阅读的字号和行间距

- 页面需要支持滚动

5．"我的"页面设计

- 顶部展示用户头像(圆形)

- 下方依次展示：

　　* 昵称(可点击编辑)

　　* 性别(使用图标展示)

　　* 个性签名(支持多行文本)

- 所有信息采用卡片式布局

- 编辑状态需要有明确的视觉反馈

6．交互设计

- 所有可点击元素需要有点击反馈效果

- 页面切换使用原生转场动画

- 列表滚动需要平滑流畅

- 编辑信息时使用系统原生输入页面

请使用 SwiftUI 的最新特性实现以上设计，确保代码结构清晰，便于

> 后续维护和扩展。页面设计需要符合 Apple 的 Human Interface Guidelines 规范。

第五步，将上述提示词发送给 AI，生成 App 页面样式，图 4-39 是 AI 一次性生成的结果，可以说基本符合预期。

图 4-39

第六步，更新 README.MD 文件，记录当前已实现的功能和文件结构，并详细备注说明情况。

这是一个开发过程中的细节，前面也多次介绍过这样做的重要性。当 App 的功能越来越多，业务逻辑越来越复杂时，后期开发 AI 的出错概率就会越来越高，并由于上下文长度的限制而出现 AI 失忆、AI 幻觉问题。为了尽可能减少这些不必要的困扰，在开发到不同的阶段时，要让 AI 主动总结当前已经实现的功能及文件结构，并附上详细的备注。下次新建对话窗口时，就可以引用 README.MD 文件了。

第七步，让 AI 实现页面交互功能。

实现页面交互功能，只需要引用对应功能的文件，让 AI 实现即可。对于什么时候引用什么样的文件，标准就是，当你认为实现当前的任务需要 AI 尽可能多地了解已实现的代码，或者明确知道该功能涉及对某个文件的修改时，就应该引用。

第八步，将 App 编译到手机上测试。

在测试过程中，发现控制台出现了一些报错信息（见图 4-40），可以让 AI 来修复问题。控制台报错是 iOS App 开发过程中的常见情况，只会出现在用手机操作 App 的过程中。

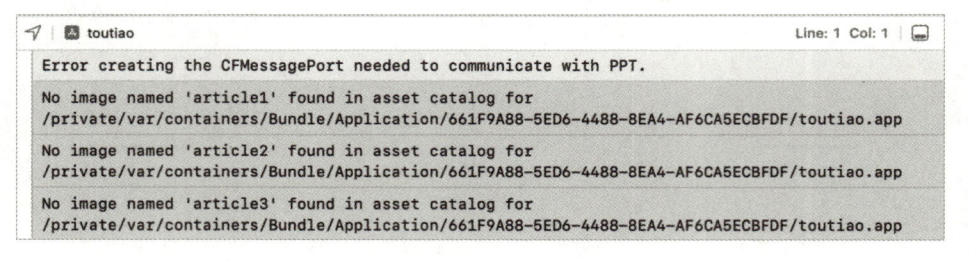

```
toutiao                                                    Line: 1 Col: 1
Error creating the CFMessagePort needed to communicate with PPT.
No image named 'article1' found in asset catalog for
/private/var/containers/Bundle/Application/661F9A88-5ED6-4488-8EA4-AF6CA5ECBFDF/toutiao.app
No image named 'article2' found in asset catalog for
/private/var/containers/Bundle/Application/661F9A88-5ED6-4488-8EA4-AF6CA5ECBFDF/toutiao.app
No image named 'article3' found in asset catalog for
/private/var/containers/Bundle/Application/661F9A88-5ED6-4488-8EA4-AF6CA5ECBFDF/toutiao.app
```

图 4-40

对于技术小白来说，遇到报错不用紧张或害怕，只要知道哪里出现了 BUG，并将报错信息复制下来发送给 AI 即可。经过 AI 的判断，我们知道由于没有在 Xcode 的 Assets 中上传文章的封面图片导致了报错，这个问题对于目前的开发进程而言并不重要，我们在开发网站后台时可以修复这个问题。

第九步，在项目的根目录下创建一个 admin 临时文件夹，用来存放网站后台的文件，然后在这个文件下新建一个 admin-README.MD 文件，用来详细说明项目的作用、功能，以及服务器环境、数据库、域名等关键信息，大概内容如下。

```Markdown
这是 iOS App 的网站后台，用于管理文章的发布、编辑、删除、查看。

admin 是一个临时文件夹，后续会作为项目根目录被上传至服务器。

网站的域名：https://xxxx
服务器运行环境：LNMP
PHP 版本：7.4

## 后台的功能

### 文章管理
 发布文章
  文章标题
  文章封面
  文章作者
  文章分类
```

```
        文章内容
    编辑文章
        文章标题
        文章封面
        文章作者
        文章分类
        文章内容
    删除文章
    查看文章


数据库语言：MySQL
数据库名：xxxx
用户名：xxxx
密码：xxxx
```

这里需要注意的是，要想实现 App 和网站后台的连接，网站的域名必须支持 HTTPS，即需要申请 SSL 证书。

这个操作很简单，在宝塔面板的管理后台遵循以下路径进行操作即可：网站 > 新建站点 > 设置 > SSL > 宝塔证书 > 申请证书 > 填写域名信息 > 部署 > 勾选强制 HTTPS > 保存。经过以上操作，网站地址的格式会变成"https://域名"，而不是过去的"http://域名"。请记住，这是开发 iOS App 的要求。

第十步，实现网站后台。向 AI 发送如下提示词。

第 4 章 进阶：iOS App 低门槛高收益开发之路 | 151

> 我是一个小白，不懂任何技术，我只有一台阿里云服务器，运行环境是 LNMP，数据库是 MySQL，开发语言为 PHP 7.4。我只会操作宝塔面板。请你为我开发我目前已实现的 iOS App 的网站后台。admin 是临时文件夹，后续用于存放项目的根目录。请一步一步告诉我该怎么做。

通过上述提示词，AI 将实现初阶的网站后台开发。如果单次对话未能实现所有功能，则可以发送"继续"命令让 AI 逐步完善功能。

第十一步，为网站后台添加 API。向 AI 发送如下提示词。

> 请为我的网站后台添加 API。

这一步让 AI 完成即可，内容比较简单，这里不再赘述。

第十二步，解析域名。在宝塔面板中新建网站，完成 SSL 认证。

第十三步，删除宝塔面板新建网站下的所有文件，然后在网站的根目录下创建 api 文件夹和所有 admin 文件夹下已有的文件夹，将 admin 中的所有文件上传至网站根目录下对应的文件夹中。

第十四步，创建数据库表。这里 AI 已经写好了自动创建数据库表的代码，如果 AI 没有做这件事，则也可以在宝塔面板的管理后台选中创建的数据库，手动将 SQL 语句复制进去并执行。

第十五步，打开并登录网站后台，在浏览器中访问"https://域名/index.php"，测试添加文章的功能是否正常。在浏览器中访问"https://域名/api/xxx.php"，对网站根目录下的 api 文件夹下的每一个文件都进行测试访问，查看输出结果是否有错误，验证 API 是否能被正确调用。图 4-41 展示了 API 被正确调用的情况。

```
美观输出 ☑
{
  "error": false,
  "name": "头条阅读API",
  "version": "1.0",
  "endpoints": [
    {
      "path": "/api/articles.php",
      "description": "获取文章列表或单篇文章详情",
      "methods": [
        "GET"
      ],
      "parameters": {
        "id": "(可选) 文章ID，用于获取单篇文章详情",
        "page": "(可选) 页码，默认为1",
        "per_page": "(可选) 每页显示数量，默认为10",
        "category_id": "(可选) 分类ID，用于按分类筛选文章"
      }
    },
    {
      "path": "/api/categories.php",
      "description": "获取所有分类",
      "methods": [
        "GET"
      ],
      "parameters": []
    }
  ]
}
```

图 4-41

在这一环节中，如果后台有功能性错误，或者 API 调用不成功，则需要进行更多轮的对话来修复问题。具体来说，可以通过语言描述问题，结合浏览器控制台（按 F12 键弹出）的报错信息让 AI 修复问题。确保网站后台功能正常且所有 API 都能被正常调用，是实现 iOS App 和网站后台通信的基础。

第十六步，新建一个对话窗口，实现 iOS App 和网站后台的连接与通信。这一步可以通过提示词让 AI 实现，具体如下。

第 4 章　进阶：iOS App 低门槛高收益开发之路 | 153

> 实现 iOS App 和网站后台的连接与通信 @ContentView.swift @Admin-README.MD

第十七步，打开 Xcode，将 iOS App 编译到手机上，测试网站后台是否能够成功管理前端 App 的内容，是否能够在网站后台更新文章并在 App 的首页中显示。

首先打开 Xcode 进行项目设置。如图 4-42 所示，在 Build Phases 的 Copy Bundle Resources 中将所有 .php 文件从列表中删除，因为 iOS App 使用 Swift 语言开发，和开发网站后台使用的 PHP 语言不兼容，所以 .php 文件不能被打包到 iOS App 的项目目录中。

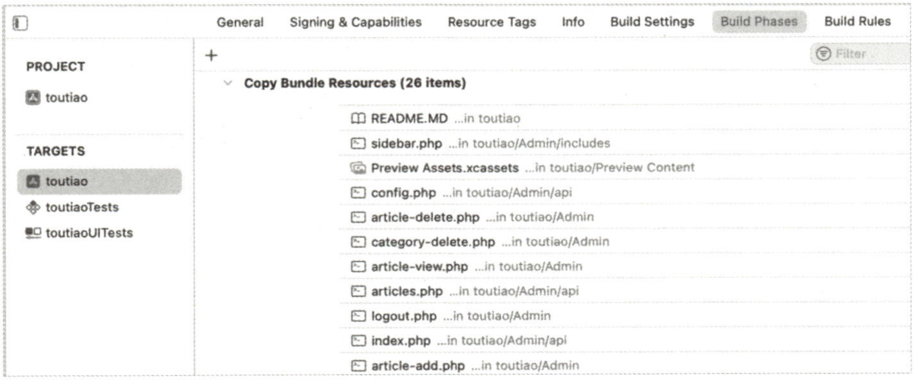

图 4-42

完成项目设置后，编译 App 并将其安装到手机上。但是测试发现，App 首页显示加载失败，没有加载网站后台更新的文章，而且控制台中出现了很多报错信息，如图 4-43 所示。这时还是采用老办法，将控制台的报错信息复制下来发给 AI 去处理。

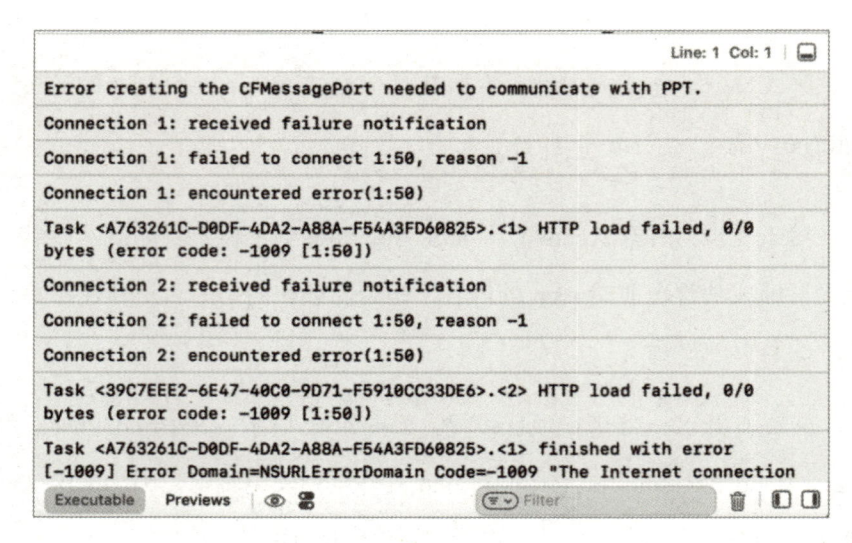

```
Line: 1 Col: 1
Error creating the CFMessagePort needed to communicate with PPT.
Connection 1: received failure notification
Connection 1: failed to connect 1:50, reason -1
Connection 1: encountered error(1:50)
Task <A763261C-D0DF-4DA2-A88A-F54A3FD60825>.<1> HTTP load failed, 0/0
bytes (error code: -1009 [1:50])
Connection 2: received failure notification
Connection 2: failed to connect 1:50, reason -1
Connection 2: encountered error(1:50)
Task <39C7EEE2-6E47-40C0-9D71-F5910CC33DE6>.<2> HTTP load failed, 0/0
bytes (error code: -1009 [1:50])
Task <A763261C-D0DF-4DA2-A88A-F54A3FD60825>.<1> finished with error
[-1009] Error Domain=NSURLErrorDomain Code=-1009 "The Internet connection
Executable    Previews                    Filter
```

图 4-43

在实现 iOS App 和后台 API 通信的过程中，需要注意以下两点。

- API 端口是否正确：时刻注意 AI 是否记得你已经实现了 https 网站地址，是否错误地将/admin 包含到了链接中。
- JSON 数据格式是否正确：在浏览器中测试 API 时，可以将浏览器中显示的 JSON 格式数据发给 AI，核实其是否正确。

在编译的过程中，因为 App 在访问网站后台数据时，需要用户授予网络权限，所以 AI 会生成 Info.plist 文件，但是一旦生成这个文件，在编译 App 时就会遇到如图 4-44 所示的报错信息。

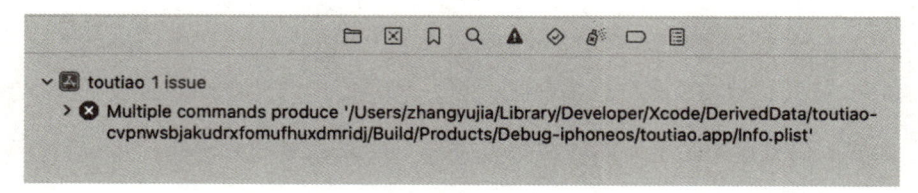

```
toutiao 1 issue
  Multiple commands produce '/Users/zhangyujia/Library/Developer/Xcode/DerivedData/toutiao-
  cvpnwsbjakudrxfomufhuxdmridj/Build/Products/Debug-iphoneos/toutiao.app/Info.plist'
```

图 4-44

处理此类问题，需要在 Xcode 中进行项目设置，在 Copy Bundle Resources 中将 Info.plist 文件删除。解决编译报错和控制台报错问题后，再次将 App 编译到手机上测试，会发现 iOS App 首页已经能够成功显示网站后台发布的文章了，如图 4-45 所示。

图 4-45

至此，我们已经实现了这个 iOS App 的"前端+后端+数据库"的核心功能，后续要做的就是在此基础上不断优化各个业务环节中的问题，丰富 App 的功能，像堆积木一样逐步增加分享、评论、点赞、阅读量显示等小功能，让这个当前只有骨架的App变得丰满起来。

在这个过程中，如果有编译报错，请放平心态，这是很正常的情况。在使用AI编程的大多数时间里，其实都是在处理各种报错信息，可能刚改完一个BUG，又冒出了更多BUG，这是实现一个能够商业化变现的App所必须面对的情况。

再说提示词。向AI发送相同的提示词，但AI几乎不可能写出一样的代码或实现一样的网页样式和交互效果。生成的代码具有随机性，这种随机性伴随着一定的质量差异和代码错误。所以提示词没有固定的模板，最核心的莫过于将需求表达得清晰、具体、完整，语言是否优美并不重要。

这里，我们针对提示词进行拓展。以让Cursor实现样式美观的iOS App原型页面为例，来展示如何给出清晰、具体、完整的提示词。

> 我计划开发一款名为【App名称】的移动应用，目前需要输出高保真的原型页面。该应用的主要功能涵盖【详细列举应用的主要功能，例如用户注册与登录、商品浏览与搜索、购物车管理、订单管理、个人信息管理等】。
>
> 请依据以下步骤完成所有页面的原型设计,确保这些原型页面能够直接用于后续的开发流程。
>
> 1．用户体验分析：深入剖析这款App的主要功能及目标用户群体的需求，精准确定核心交互逻辑，保障用户在使用过程中能够获得流畅且高效的体验。
>
> 2．产品页面规划：以专业产品经理的视角，明确界定关键页面，构建合理的信息架构，确保操作流程简单、顺畅，避免出现逻辑混乱或操作烦琐的情况。

3．高保真 UI 设计：作为经验丰富的 UI 设计师，严格遵循 iOS 设计规范，精心设计符合 iOS 系统风格的页面。运用卡片式布局、圆角元素及适当的投影效果，营造出现代、简约且富有科技感的视觉体验。

4．HTML 原型实现：运用 HTML + Tailwind CSS 技术生成所有原型页面，并借助 JavaScript 实现基本的交互功能，包括页面跳转、表单操作及数据模拟。代码文件应按照 HTML、CSS 和 JavaScript 格式进行明确区分，便于后续的维护和扩展。

5．页面文件管理：每个页面的代码都应作为独立的 HTML 文件来存储，例如 home.html、profile.html、settings.html 等。index.html 为主入口页面，通过 iframe 方法嵌入这些 HTML 文件，并将所有页面平铺展示，方便进行整体预览。同时，要确保每个独立页面之间都支持相互跳转，即便单独打开某个页面，也能让用户获得完整的使用体验。

在真实感增强方面，要求如下。

- 页面尺寸：模拟 iPhone 16 Pro 的屏幕尺寸，并为页面添加 20px 的圆角边框，使其外观更加符合移动设备的使用习惯。
- 图片选择：选择与应用主题紧密相关的高质量图片，避免使用灰色块或标有"image"字样的占位图，应注意提升页面的真实感和专业性。
- 图标与 UI 元素：使用 Font Awesome 或 Material Icons 等专业图标库（通过 CDN 引用），为页面增添丰富且统一的视觉元素。
- 背景与内容图片：从 Unsplash、Pexels 等免费图库中选取背景和内容图片，确保图片风格统一，与整体应用的视觉风格协调。

- 状态栏与导航栏：添加符合 iOS 标准的状态栏和导航栏，导航栏包含主页、小组件和设置这三个选项卡，方便用户快速访问不同的功能模块。
- 组件样式：使用符合 iOS 风格的日期选择器、开关组件和列表样式，保持页面风格的一致性和规范性。

请按照上述要求生成完整的代码，并添加必要的注释，详细说明页面样式和交互设计的考量因素。

对于 iOS App 开发，从实现难度上来说，不调用第三方 API 的 App 是最容易的。如果功能不复杂，那么在熟练掌握 AI 编程流程后，完全有可能在 1~2 小时内就做出一个不错的 App。如果涉及调用第三方 API，比如想借助 AI 大模型的能力来完善 App，那么复杂度就会提高不少，开发所需的时间也会增加。

更难一些的，比如涉及后端和数据库功能、需要用到另一种编程语言等，则需要更多的步骤和时间。不过不用担心，遇见任何问题都可以让 AI 逐步解决，完成一步，再让 AI 告诉你如何进行下一步。

第十八步，实现会员订阅功能。

正如前面所说的，在 iOS App 的基础功能上，我们可以利用 AI 编程继续增加功能。会员订阅功能是 iOS App 最主流的变现方式之一，这里就以会员订阅功能为例，介绍该功能的实现流程。首先向 AI 发送提示词。

下面，我们来实现 iOS App 的会员订阅功能，我是一个不懂技术的小白，请你一步一步告诉我该怎么完成，先实现会员订阅页面的样式。

第 4 章　进阶：iOS App 低门槛高收益开发之路　｜　159

这里还是使用模块化开发的方法，先让 AI 实现会员订阅页面的样式。然后继续向 AI 发送以下提示词。

> 为我创建 StoreKit 配置文件并更新 Info.plist 文件。

StoreKit 配置文件中包含 iOS App 中的所有商品信息。该文件无须自己创建，完全让 AI 来生成即可。

接下来在 Xcode 的项目设置中选择 Signing & Capabilities，单击"+ Capability"按钮，搜索并添加"in-App Purchase"功能，如图 4-46 所示。

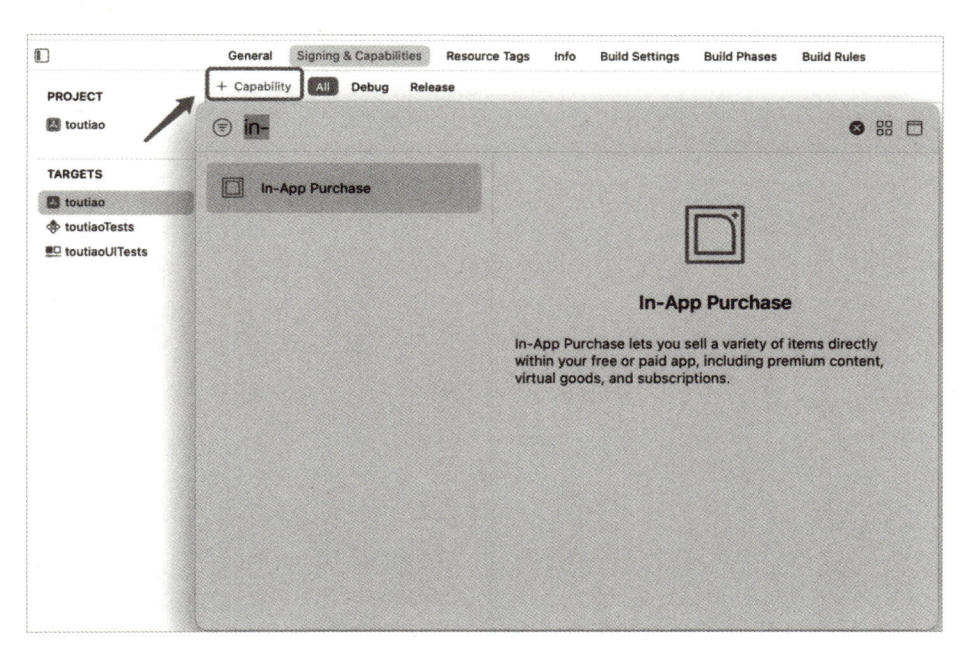

图 4-46

在 Xcode 中打开 Scheme 编辑器，先在页面左侧选择 Run，再选择 Options，在 StoreKit Configuration 中选择在项目根目录下创建的

Subscriptions.storekit 文件，最后单击"Close"按钮保存设置，如图 4-47 所示。

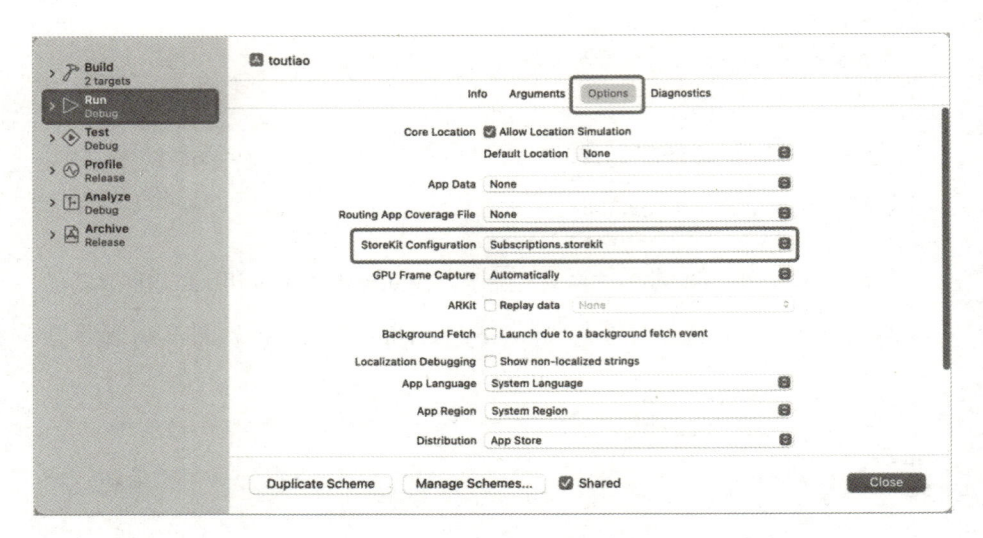

图 4-47

> **注意**：在 Xcode 的项目设置中选择 General，然后检查 "Frameworks, Libraries, and Embedded Content" 中是否成功添加了 storekit.framework 文件。

完成上述设置后，将 App 编译并安装至手机，测试会员订阅功能是否能够正常运行，通过测试和控制台中的消息反馈（见图 4-48），可以验证我们已经实现了基础的会员订阅功能（见图 4-49）。

```
A toutiao ≎
用户选择了订阅方案：月度会员
开始处理订阅请求...
开始购买产品：com.yourdomain.toutiao.subscription.monthly
购买成功，正在验证交易...
更新购买状态：添加产品 com.yourdomain.toutiao.subscription.monthly 到已购买列表
订阅详情：级别=月度会员，到期时间=2025-04-09 05:09:38 +0000
用户订阅状态已更新：isSubscribed=true, tier=月度会员
购买完成！产品ID: com.yourdomain.toutiao.subscription.monthly, 交易ID: 0
UI更新：显示订阅成功提示
用户选择了订阅方案：季度会员
开始处理订阅请求...
开始购买产品：com.yourdomain.toutiao.subscription.quarterly
购买成功，正在验证交易...
更新购买状态：添加产品 com.yourdomain.toutiao.subscription.monthly 到已购买列表
订阅详情：级别=月度会员，到期时间=2025-04-09 05:09:38 +0000
```

图 4-48

图 4-49

最后一步，将 iOS App 上架。

上架前需要确认以下内容。

- 移除.storekit 测试文件（非必须）。
- 移除 Info.plist 中的"StoreKit.Configuration"条目（非必须）。
- 在 TestFlight 中使用沙盒账号进行测试，测试所有订阅流程，包括购买、恢复、升级、降级。

这里我们进行一些拓展，简单介绍如何进行沙盒测试。

（1）创建沙盒账号：打开开发者后台，依次选择用户与访问、沙盒，添加一个未注册过 Apple ID 的邮箱地址作为沙盒账号，验证邮箱地址后即可使用沙盒账号登录 iCloud 网站，完成账号设置。

（2）在 TestFlight 中使用沙盒账号测试 iOS App 的订阅功能：首先，下载并安装 TestFlight；然后，在手机设置中退出原有的 Apple ID，在系统弹出的登录窗口中打开 App，使用沙盒账号订阅；最后，将 App 上传至 TestFlight，在手机中测试订阅流程，确保所有订阅页面都能成功加载，同时验证续订通知、自动续订、过期会员降级、会员升级、取消订阅等功能是否正常。

设置订阅群组，打开项目根目录，打开 Subscriptions.storekit 文件，找到产品 ID，逐个添加至上架页面的订阅群组，如图 4-50 所示。

图 4-50

> **注意**：这里要避免元数据丢失问题，确保所有信息与 Xcode 中代码的信息完全一致，重点关注产品 ID、订阅时长和价格设置，确保已设置本地化语言以及上架时要额外在隐私协议和用户协议中包含的有关会员订阅功能的内容，这部分内容仍然可以让 AI 来生成。

至此，我们就实现了一个简单的 iOS App 会员订阅功能，用户可以使用 App Store 的支付功能来订阅 App 会员。会员订阅是一个比较复杂的功能，目前我们实现的是在本地管理和验证会员状态的功能，实现过程比较简单。后面，我们可以继续让 AI 实现在服务器上查看会员订阅数据的功能，同时能在开发者后台的"销售和趋势"报告中查看会员订阅信息（数据一般次日才会更新，会有一定的延迟）。

这部分属于进阶内容，可扩展性很强，比如可以实现跨平台管理会员状态的功能，再比如用户在 iOS App 上付费开通了会员，在网页端同样可以使用会员功能。上述功能的实现并不复杂，只是会大幅增加实现过程所需的时间和与 AI 的对话量。感兴趣的读者可以自行尝试。

第 5 章
延伸：微信小程序，变现门槛最低的应用类型

5.1 前期准备：微信小程序开发与变现基础

微信小程序[1]是这两年比较热门的应用类型，得益于微信成熟的生态体系，小程序有着比其他应用更低的获客成本，可以利用微信的熟人社交关系裂变传播。用户不需要下载就能在微信的各个入口打开应用并使用，这让小程序的推广难度变得极低。

1　后面简称"小程序"，将不会刻意强调"微信"生态。

在变现上，开发小程序的门槛也远低于开发网站和 App，因为小程序仅需 500 次用户访问就能快速开通"流量主"业务，轻松将流量变现。

相反，如果做的是网站，且想要在网站上植入第三方广告，那么从网站上线第一天开始，没有一两个月的时间是很难通过广告联盟的权限审核的，这也就意味着想要变现需要等待比较长的时间。如果做的是 App，虽然广告权限申请更简单，但是因为 App 需要用户主动下载，有一定的使用门槛，所以在获客成本上还是比较高。而对于靠广告赚钱的 App 而言，关键就在于获客成本，如果没有足够的用户基数和相对较高的使用频次，那么每天靠广告赚的钱可谓寥寥无几。

相比于 App，小程序的另一大优势是跨平台的用户体量大。众所周知，安卓手机的用户用不了 iOS App，但是，使用任何移动设备的用户都能在微信中访问和使用小程序。

综上，要想通过 AI 编程成功变现，开发小程序是非常好的选择。另外，如果没有特殊的业务需求，那么小程序最佳的变现方向就是利用流量主来赚钱。

在本章中，实战案例会侧重于那些易于在微信体系内靠社交关系传播的小程序类型，即用户使用后愿意转发到朋友圈主动分享的小程序类型。

很多人可能都低估了社交关系的力量。举个例子，假如你开发了一个提取短视频文案的小程序，每人每天可以免费使用一次，超过次数后则需要付费成为会员，但是如果能邀请 10 位好友通过注册成为小程序新用户，就能免费成为会员，那么你的小程序的用户体量一定会在这样的机制下呈指数级增长。

在微信生态中，这样的案例屡见不鲜。这种机制既保证了用户体量的持续增长，又能靠流量主赚到钱。当然，这一切的前提是你开发的小程序真的有用，能让用户主动分享。

对于小程序来说，免费、有效的推广方式不是只有社交关系裂变这一种，也包括搜索。很多人不知道的是，微信搜索的日活用户量极大，只要你的小程序能够命中一些易于被搜索的关键词并获得一个较好的用户评分，那么该小程序就能在某些关键词的搜索排行榜中获得不错的排名，靠着微信的搜索渠道被动引流获客。

依靠微信搜索的被动流量，结合微信社交关系的力量，小程序可谓不可忽视的应用类型。

开发小程序也比想象中简单。首先，在微信公众号平台注册小程序账号，主体类型建议选择"企业"，企业类型选择"个体工商户"。因为平台规则的限制，个人注册的小程序账号可开发的应用类型有限且后续问题较多，而个体工商户营业执照办理成本较低、难度不高，可优先选择使用。账号注册成功后，根据要求填写小程序信息、类目，完成微信认证。最后，下载微信开发者工具，通过微信扫码即可登录账号。

5.2 实战：10分钟开发俄罗斯方块小游戏

打开微信开发者工具创建小程序，输入项目名称、目录，选择我们注册的小程序账号（AppID），模板选择"JS-基础模板"，然后单击"创建"按钮，如图 5-1 所示。

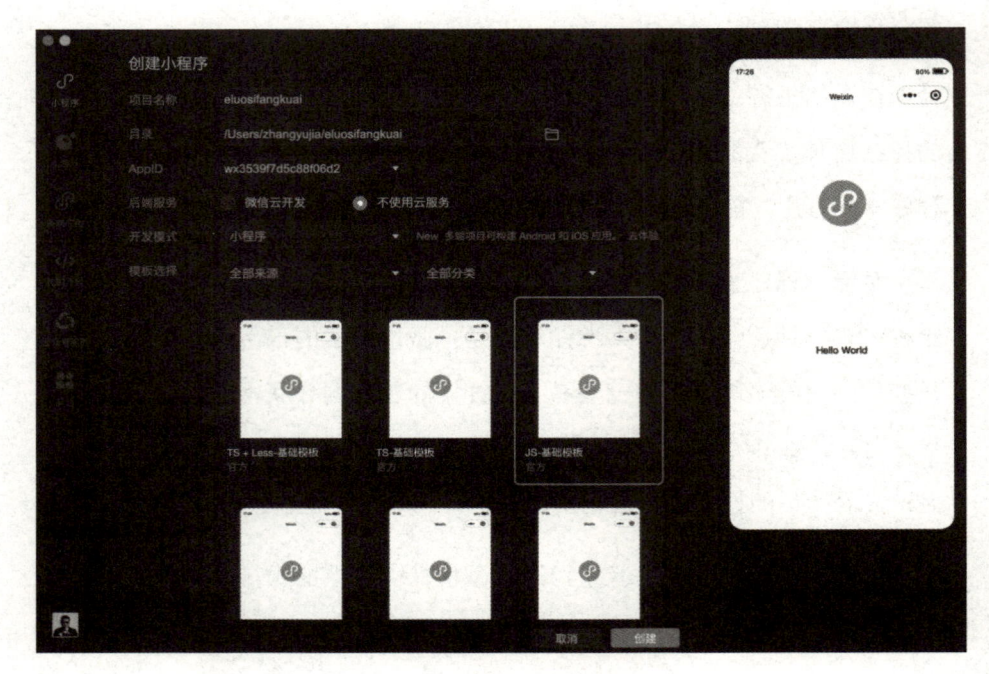

图 5-1

不同类型的模板对应不同的开发语言，这里选择最简单的 JavaScript，其他类型的模板可以在熟悉了不同的编程语言后再根据实际情况选择。

你会发现，微信开发者工具中有很多现成的云模板，完全可以直接使用。这也是我常说的，即使使用 AI 编程，也不要浪费时间去做那些市面上已经有成熟案例的应用，成熟的应用功能已经相当完善，我们花费再多时间也难以超越。要记住，我们的目的是快速变现。选择模板后，使用 AI 编程工具打开通过微信开发者工具创建的项目根目录。

在这个实战案例中，我们使用一种新的方法来实现这个简单的小游戏。

第一步，我既没有让 AI 先创建 README.MD 文件，也没有先实现页面样式，而是直接和 AI 沟通想法，让 AI 直接生成用于编程的提示词。我的原始描述如下。

> 请你帮我写下提示词。
> 我要开发一个微信小程序，这是一个俄罗斯方块小游戏，要求如下。
> （1）不同颜色的方块随机显示。
> （2）可以在屏幕上通过按钮控制方块的左右移动和翻转。
> （3）设计合理的游戏机制，每当分数达到一定等级时，游戏难度升级。

在这个环节，我们可以和 AI 进行多轮对话，以完善提示词的细节。

然后再次向 AI 发送提示词。

> 请完善提示词中关于页面布局、页面设计的细节。

以下是 AI 为我生成的完整提示词。

```
Markdown
```
我需要开发一个微信小程序版的俄罗斯方块游戏，具体要求如下：

1. 页面布局设计：
   - 游戏主页面分为三个主要区域：
     * 上面：显示当前分数、等级、最高分等信息
     * 中间：主游戏区域（20 行×10 列的方格）
     * 下面：下一个方块的预览区域和操作按钮区域

- 控制按钮布局：

    * 左侧放置左右移动按钮

    * 右侧放置旋转和快速下落按钮

    * 按钮大小至少为 80rpx，确保易于点击

    * 按钮间需保留适当间距，防止误触

- 信息显示区域：

    * 分数显示：大号字体，位置醒目

    * 等级显示：当前等级用不同颜色标识

    * 下一个方块预览区域：大小合适，位置醒目

    * 游戏状态提示（如 GAME OVER、PAUSE 等）居中显示

2. 视觉设计要求：

    - 配色方案：

        * 游戏背景使用深色系（如深灰色）

        * 方块使用明亮的对比色系

        * 每种方块形状对应一个基础颜色

        * 随机颜色应在基础颜色上进行明暗调整

    - 网格设计：

        * 主游戏区域网格线要清晰可见

        * 网格大小建议为 40rpx×40rpx

        * 网格线使用浅色（如浅灰色）

- 动画效果：

　　* 方块旋转时采用平滑过渡动画

　　* 消除行时添加闪烁或淡出效果

　　* 新方块出现时采用下落动画

　　* 游戏结束时设计特效动画

3. 交互设计：

- 开始页面：

　　* 显示游戏标题和 LOGO

　　* "开始游戏"按钮居中

　　* 显示历史最高分

　　* 添加游戏说明入口

- 游戏操作：

　　* 触摸按钮时有明显的按压反馈

　　* 支持手势操作（左右滑动、点击旋转）

　　* 添加操作振动反馈

　　* 双击暂停游戏

- 暂停页面：

　　* 半透明遮罩效果

　　* 显示"继续""重新开始""返回主页"选项

* 显示当前分数和等级

4. 响应式适配：

- 适配不同屏幕尺寸：
    * 以 rpx 为单位确保在各机型上显示一致
    * 游戏区域保持固定比例
    * 按钮位置根据屏幕大小自动调整

- 横竖屏处理：
    * 锁定竖屏模式
    * 横屏时提示旋转设备

5. 音效设计：

- 背景音乐：
    * 可选择不同风格的背景音乐
    * 音量可调节
    * 支持音乐开关

- 操作音效：
    * 方块移动音效
    * 方块旋转音效
    * 消除行音效
    * 游戏结束音效

第 5 章　延伸：微信小程序，变现门槛最低的应用类型　　173

> 6．其他细节：
> – 加载页面设计
> – 错误提示样式
> – 成就系统页面布局
> – 排行榜页面设计
> – 设置页面布局

在这份提示词中，建议将主页面分为三个部分。因此，在发送提示词时，一定要引用这三个主页面文件 @index.js、@index.wxml、@index.wxss。.wxml 文件等同于网站开发中的 .html 文件，.wxss 等同于 .css 样式表文件，大家简单了解即可。

第二步，将提示词发送给 AI 生成代码，然后将其编译到微信开发者工具中预览。

编译后，我们发现微信开发者工具的调试器中显示了一些报错信息（见图 5-2），于是我将所有报错信息复制下来发送给 AI 进行修复。

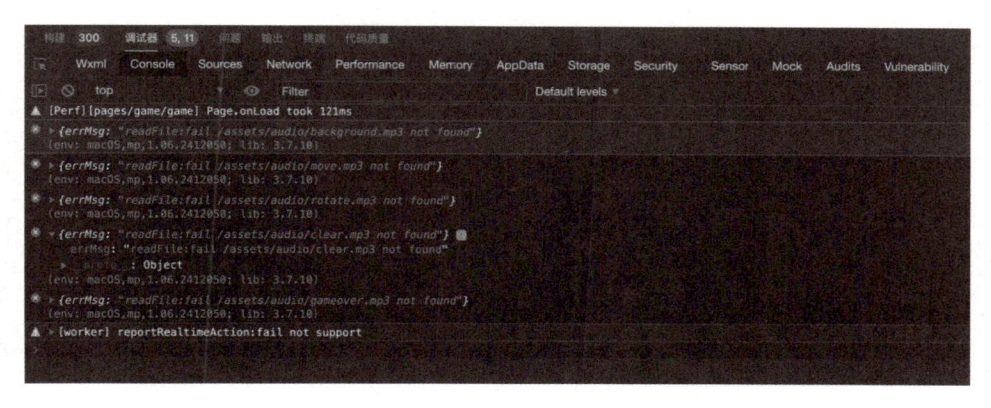

图 5-2

调试器报错信息有两类：一类是标记黄色的警告信息，这类信息可以暂时不做处理；另一类是标记红色的错误信息，这类信息需要立刻处理（可以发送给 AI 让它来处理），出现这类信息往往说明代码中出现了问题。

根据 AI 的反馈得知，报错是因为项目缺失音频文件，所以我们需要手动创建这些文件。素材类文件，如图片、音频、视频等是不能在 AI 编程工具中直接生成的，但是可以用具备生成能力的大模型生成。不建议在第三方网站上下载这类素材，很可能牵涉版权问题。

第三步，继续实现页面样式细节和游戏功能玩法。向 AI 发送如下提示词。

> 主游戏区域面积太小，下一个方块的预览区域位置不合理，请你设计一个合理的位置。注意，这是一个微信小程序，主要在手机屏幕上运行，所以你要考虑手机竖屏对页面布局的影响。

通过自然语言描述，AI 将理解我们的意图并逐步调整小程序中的问题。经过调整的游戏主页面如图 5-3 所示。

在优化样式和功能的过程中，有时候你会发现 AI 通过提示词生成的结果并不符合预期，这时我们要做的是重新编辑提示词，让 AI 重新生成代码。通过两轮对话，仅仅不到 5 分钟，一个简单的小程序版俄罗斯方块小游戏便做出来了。

总结一下过程，一共分三个步骤：沟通需求、启动开发、优化细节。总体来说非常简单。完成开发后，在微信开发者工具中上传小程序，然后回到微信公众号平台，登录小程序账号，根据要求提交相应的资料并备案，发布小程序，审核通过后即可上线。

图 5-3

5.3 实战：30分钟开发 MBTI 人格测试小程序

本节我们开发一个相对复杂的小程序——MBTI 人格测试小程序。这个小程序的核心业务逻辑是设计题库，以及生成内容丰富、样式美观的测试结果。开发这个小程序同样需要先构建 README.MD 文件，用于详细说明小程序的页面样式、功能设计，以及涵盖的最重要的题型等。

这个实战案例的业务功能相比于俄罗斯方块小游戏而言更加复杂，所以我们先导入小程序专用的 rules 文件，确保 AI 生成代码的质量。

第一步，在微信开发者工具中创建小程序项目，然后在 AI 编程工具中打开项目根目录并创建 README.MD 文件，和 AI 沟通需求，请它完善 README.MD 文件的内容，核心是页面样式设计、功能设计、题库设计、测试结果分析。向 AI 发送如下提示词。

> 我需要开发一个 MBTI 人格测试小程序，下面我与你沟通一下实现这个项目的细节。请你完善 README.MD 文件，为我设计这个项目的页面视觉、UI 样式、功能、MBTI 题库和业务逻辑。@README.MD

第二步，启动开发，新建一个对话窗口，实现这个小程序页面样式。在这个过程中，我们需要与 AI 进行多轮对话，一步一步引导它实现各个页面。提示词如下。

第一轮：

> @README.MD 我们先来实现这个小程序的页面样式，但是暂时不实现其功能，视觉上尽可能符合简约、扁平化的设计要求。@index.wxml @index.js @index.wxss

第二轮：

> 去掉系统模板文件自带的内容。

第三轮：

> @README.MD 继续实现测试页面、测试结果页面。

在多轮对话过程中，若内容未能一次性生成，则可以向 AI 发送"继续"。

第四轮：

> 请创建 images 文件夹，并使用 SVG 编辑器绘制所需的图片。

> 当 AI 没有添加项目所需的图标、图片，而你也懒得手动创建时，就可以让 AI 用 SVG 编辑器来绘制一张简单的图片，暂时替代项目所需的图片。

第三步，在微信开发者工具中编译小程序并测试。经过测试，我发现了两个问题。

- 页面布局还有待调整，选项卡、结果卡与屏幕边缘的距离不合理。
- 测试结束后，测试结果页面没有成功加载。

我们需要将这些问题传达给 AI，并让 AI 去修复。发送以下提示词。

> 页面的宽度最好能够自适应屏幕的宽度，每个选项卡、结果卡都应和屏幕边缘保持合理的距离。请继续完善和丰富 MBTI 测试的题目，将 40 道题补充完整。用户测试结束后，需要显示测试结果。

经过几轮调整，MBTI 人格测试小程序的雏形就做出来了，如图 5-4

所示。剩下的工作就是继续优化设计细节、丰富题库，完善 MBTI 测试算法使其更加科学合理。

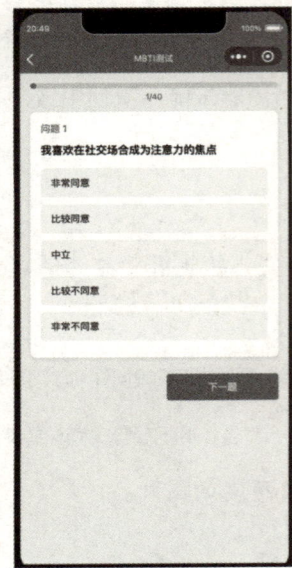

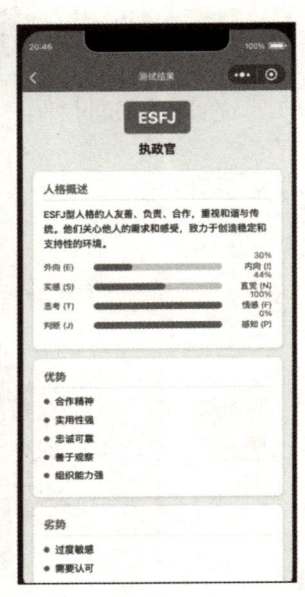

图 5-4

本案例是实战篇中的最后一个案例。经过这么多实战，你会发现无论开发什么类型的应用，过程上几乎都没有区别，思考方式、开发流程几乎都一样，主要区别就是用到的工具不同。

通过这些实战案例，大家觉得使用 AI 编程的核心是什么呢？我觉得最重要的是对业务逻辑的理解——我们要拆解项目的各个环节，能够通过模块化开发方式一步一步向 AI 表达需求，逐步通过 AI 优化项目开发。

作为一个不懂任何技术的小白，你可以不懂编程、不会写代码，但是你一定要知道用户想要什么，一定要了解用 AI 开发的应用的业务逻辑和使用过程，不能仅凭想象让 AI 去开发应用。

商业篇

开发一个能赚钱的应用

06 第6章
冷启动：零成本推广引流秘籍

07 第7章
高变现：从产品到利润

第 6 章

冷启动：零成本推广引流秘籍

6.1 高效的网站 SEO 方法与策略

现在，使用 AI 编程的人越来越多，但现实却是，这些通过 AI 开发的应用大多赚不到什么钱。因为大多数人没有意识到：即使使用 AI 开发应用，也没有改变应用软件赚钱的本质，即再好的产品也只是一长串数字中的那个 1，而流量才是后面的那一串 0。

所以，做流量的能力，才是决定你开发的应用最终能不能赚钱的核心因素。

然而做流量的能力是很难靠 AI 掌握的。AI 的生成质量取决于提示词的质量，如果你本身不具备做流量的能力和经验，那么你去问 AI 怎么推广自己的应用，也很难问到点子上，大概率只会得到一篇正确的废话。

做流量这件事，真正有效的方法是简单粗暴的，根本不像很多人想象的那样，有多么大的技术难度。以我近十年做了几千个网站的经验来说，能够快速让一个网站的流量起势，关键不在于背后的开发者技术有多牛，所谓的 SEO（搜索引擎优化）技术有多高深，而在于是否有正确的方法，是否抓住了流量趋势。

最开始学习 SEO 的时候，我将两本讲 SEO 技术的书完整看了几遍，花费了三个多月的时间，根据书中的方法做了一个电影资源类网站，不能说一点儿成效没有，但的确没有赚钱的希望，网站每天的访问量只有 100 人左右。反而是我模仿别人做的一个网站，却在短短一周的时间里就拿到了手机端百度关键词搜索排名第三的成绩，每天仅一个大流量关键词就能带来上万次的访问。

所以，在刚做网站的那一年，我也很纳闷，为什么付出了很多努力做的网站没挣钱，反而无心插柳做的网站有了较好的结果？后来我才想明白，不是我的技术有问题，而是因为我在一个错误的方向上狂奔。

我做的是电影资源类网站，这类网站在七八年前便已经遍地都是，再去做这样的网站，你觉得能有多大的机会？可惜我当年始终想不明白这个问题。

如今，很多使用 AI 编程的独立开发者大概也如此，大家都在琢磨怎么能够用 AI 开发更复杂的应用、实现更多的功能，但认真思考如何做流量的人却极少。所以，如果你打算使用 AI 开发网站，打算通过 SEO 从搜索引擎中引流，那么你最好将本节内容多看几遍，本节会教你很多 SEO 引流秘籍。

首先，你需要明白搜索引擎的机制是什么。简单来说，就是用户通过搜索关键词，查询搜索结果，然后在搜索列表中找到自己需要的内容。那么问题来了，用户怎么才能找到你的网站，他又凭什么会进入你的网站浏览其中的内容？

SEO 的核心是关键词，所有 SEO 相关技巧也都是围绕关键词展开的。

简单来说，一个网站通常由标题、简介、具体内容这几部分组成，而你在搜索引擎中搜到的结果都是网站的标题，体现在具体代码文件中就是 HTML 文件的<title></title>标签，这是网站做 SEO 最重要的一项因素。用户想要搜到你的网站，网站标题中必须包含用户搜索的关键词。比如用户搜索"人人都能玩赚 AI 编程"，网站想要被搜到，标题中就必须包含相关的关键词。

对于搜索引擎来说，算法会判断用户的意图和需求，进而匹配搜索结果。SEO 的目的自始至终只有一个，就是能让网站出现在用户搜索关键词之后呈现的页面中，并获得一个尽可能靠前的位置，位置越靠前，用户主动访问网站的概率就越高。

但是很可惜，往往只有排在前面的网站才有被用户访问的可能性，后面那些网站即使出现在搜索列表里，也很难被用户看见。

所以，做 SEO 你需要知道的第二件事，就是怎么能够让你的网站获得更靠前的搜索排名，以便在用户搜索某个关键词时优先被用户看到。这个问题，也是困扰所有做网站的人的终极问题。

根据官方的说法，只有体验优秀、能够满足用户搜索需求的网站，才能有更好的搜索排名。但是，事实真的如此吗？也不尽然。你会发现搜索引擎对于一些网站有着明显的流量倾斜，排名靠前的几个全部变成了广告。无论你的网站做得有多好，你也得往后排，因为资源位全部给了自家产品。所以，真正厉害的 SEO 方法的核心是对市场竞争和流量趋势的掌控。

怎么深刻理解这句话？简单来说就是，不要做别人已经在做的事。好比一个人尽皆知的关键词"如何在淘宝开店"，去做一个教别人在淘宝开店的网站，会有市场机会吗？过去十几年里，同样的内容已经遍布全网。如果你能够想明白这个问题，你就应该知道怎么做 SEO 了。

做 SEO 的好处就不用多说了，能够长期、被动地从搜索引擎中引流，而且因为用户是通过搜索关键词进来的，所以用户需求更加精准，好的产品在搜索流量的加持下会有很好的成交表现。但反过来，做 SEO 也有缺点，主要缺点就是周期长，不是一朝一夕的事。

说了这么多，SEO 到底该怎么做？怎么做 SEO 才能让网站有更好的关键词排名，拿到结果、赚到钱？

从方法层面来讲，做好 SEO 的方法是优化 TDK、网站内链、网站目录结构、网站友链、网站外链等，但这些技巧并不能对网站提高排名起到关键作用，因为这些做法并不是基于"增加流量"的。

要想做好 SEO，你要做的第一件事其实是选择正确的关键词，以静制动，提前布局，坐等流量的大风刮到你的网站。这也正是我们前面提到的"对市场竞争和流量趋势的掌控"。

选择正确的关键词，要判断关键词的竞争和趋势。比如，对于某个关键词，如果搜索的人明显多了，但是在搜索引擎中能搜到的网站数量却很少，则说明这个关键词是正确的，基于这个关键词做网站在短期内很可能拿到靠前的搜索排名。

该如何判断一个关键词的竞争和趋势呢？最简单的方法就是在 Google Trends（一个查询关键词搜索趋势的网站）、百度指数、微信指数中搜索这个关键词，查询它的流量变化，但是这种方法有一定的局限性和滞后性。因为流量太小的词可能还未被数据网站收录，我们无法提前搜到有可能会爆火的关键词，最多只能储备一些正处于上升趋势的关键词。

还有一个方法，就是观察不同平台的热搜榜，从热搜榜中选择关键词并布局网站。但不同平台间也有信息差，同样的信息在不同的平台间传播往往也有时间差，大家要多平台比较，跟上热榜的更新速度。总体来说，围绕平台热榜去布局网站，是一个不错的方法，能够为我们提供做 SEO 的机会。

上述两种方法其实都更适合布局内容网站[1]，我们使用AI编程开发的

---

1 网站分为很多类型，比如门户网站、导航网站、内容网站、电视网站、工具网站等。

网站，绝大多数都是内容网站和工具网站，目前最有机会赚钱的也是这两种类型的网站。

工具网站就是具有实质性使用功能的网站，比如压缩图片和视频的网页工具、提取视频文案的网页工具等。

工具网站不同于内容网站，工具网站中的内容往往比较固定，很难像内容网站一样天天更新，去产生大量的网页参与到关键词搜索结果的排名中。所以，在 SEO 方面，开发工具网站有一定的劣势。这也注定了，工具网站若想有持久的关键词排名，一定是因为工具的确有用，能够长期稳定地运营并吸引用户二次使用。

基于此，工具网站的 SEO 有两个核心要点。

- 功能有真需求，且能持续稳定地运营。
- 利用好首页权重，选择关键词。

第一个要点我们在上面已经说得很清楚了，这里不再赘述。那么，什么叫利用首页权重选择关键词呢？

在搜索引擎看来，每个网站都有着不同的权重，一个网站的不同页面也有着不同的权重，权重越高的网站和页面排名越靠前。对于一个网站来说，首页的权重往往是最高的，所以对于同样一个关键词，如果能将它包含在网站首页的标题中，那么它在搜索引擎中取得的排名大概率比将其放在网站的内容页面要靠前得多。

而对于关键词来说，也会根据其字数多少、流量大小分为大词和长尾词两类。大词就是搜索流量较大的词，长尾词则是字数很多的词，这样的词搜索的人较少。同理，字数较少的词搜索的人会比较多，但其匹配到的网站结果也更多，你的网站不一定会排名靠前。所以，对于一个工具网站来说，选择关键词是至关重要的。

比如你做了一个使用 AI 在线设计 LOGO 的网站，用户只需要输入品牌名称就能自动生成多个 LOGO，那么对于这个网站，你会怎么写网站标题呢？标题中要包含哪些关键词？这些关键词该如何组合？下面介绍几个方法。

第一个方法是最简单的，就是复制。在百度中搜索 AI LOGO 设计，看看哪个网站排名靠前，直接将它的标题复制下来，简单修改后用作你的网站标题。对标网站能在搜索引擎中排名靠前，说明其标题在关键词的选择上不会有太大问题。

第二个方法是在搜索框中寻找关键词，比如在搜索框中输入"LOGO 设计"时，下拉选项中会出现很多词，这些词的流量都不差，也都是常常被用户搜索的关键词。可以将这些词整理起来，放到网站标题中。

第三个方法是利用第三方数据平台（如 5118 大数据平台）查询某些关键词，知道不同的关键词每天有多少搜索次数，从而进一步判断这些关键词的流量情况。可以选择搜索次数较多的关键词，将其用在网站标题中。

选择好关键词后，下一步就是组合关键词形成网站标题了。对于关键词的组合，有两点基本要求。

- 尽可能控制在 25~30 字（包含标点符号），如果超出 30 字，那么网站标题在搜索结果中就会被截断，不能完整显示出来。

- 在保证标题易读性的基础上，尽可能包含多个关键词。但不要只是堆砌关键词，避免使用重复的、意思完全一样的关键词。

有了上面关于内容网站和工具网站的关键词策略，我们来总结一下使用 AI 开发网站并进行 SEO 要做哪些基本操作。

首先，将网站提交给各个搜索引擎（Google、百度等）。具体做法是，在各个搜索引擎中搜索"网站提交收录"，找到各个网站的站长资源管理平台，注册并登录，验证你的网站。

其次，提交 SitMap、Robotx.txt 文件，前者是网站地图，后者用于说明搜索引擎可以收录你的网站中的哪些页面，这两个文件都保存在网站的根目录下。

再次，修改网站标题，可以参考上面介绍的三个组合关键词的方法。

然后，验证自己的网站是否被搜索引擎收录。在搜索引擎中搜索"site:域名"就会显示当前搜索引擎收录了多少个你的网站页面。当然，从将网站提交给搜索引擎，到能够搜索出结果，这中间往往有两三天的时间。在搜索引擎收录网站后，还会有一个沙盒期，简单来说就是搜索引擎会观察你的网站一段时间，看看网站能否经营下去，只有判定为可以经营的网站，才会获得一定的搜索排名。

最后，在网站上线初期进行一些经营和维护。对于很多使用 AI 做网站的人来说，一旦网站上线，就不知道该干什么了。实际上，最重要的事才刚刚开始。

这时不应再做 SEO，也很忌讳频繁修改关键词，真正该做的其实是建设网站的外链，尽可能提升网站权重，因为对于搜索引擎来说，一个网站的权重也不仅仅是由它的用户体验决定的，还要看目前有哪些成熟的网站中包含该网站的链接，可以简单理解为，有哪些有话语权的人在为它投票，投票越多，权重越高。

要想提高网站权重，可以利用高权重的第三方网站去布局和自己的网站一样的关键词，以推广自己的网站。对于同样的关键词，一个新网站可能很难在短期内有很好的排名，但是像知乎、搜狐、GitHub 等知名网站的相关网页却很容易在短时间内被搜索引擎收录，并且快速拿到好的排名。所以，利用第三方网站的权重既可以完成网站的推广，又能实现布局外链的目的。如果有用户访问了这些外链，他们就可以转化为你的网站用户，一举两得。

对于网站的 SEO 方法，最关键的就是选对关键词，其次是开发好的产品和实用的工具。至于更多的方法，感兴趣的读者可以自行学习，但我希望大家在学习时有所甄别，不要因为学得太多反而变成束手束脚。

6.2 实用的 ASO 技巧与经验

ASO（App Store Optimization），又称应用商店优化，简单来说就是在应用商店内对 App 的关键词排名进行优化，目的是让某款 App 在搜索中拿到更靠前的排名以提高其下载量和用户量。

ASO 和 SEO 本质上都是在平台规则之内让产品获得更多自然流量的优化策略。

我们先了解一下 ASO 的操作方式，ASO 主要基于应用商店开发者后台，对 App 的标题、副标题、简介、关键词、图标、预览图等进行修改，提升 App 在应用商店里的关键词排名。

作为新手，在应用商店做 ASO 面临的困境，其实和做网站 SEO 是一样的。如果你开发的 App 早就有了大量同质化的产品，那么再怎么搜也很难搜到。所以做 ASO 和做 SEO 一样，如果选不对关键词，那么你的 App 在应用商店内就很难获得任何自然流量。比如，当你去搜索一个成熟大厂 App 的关键词时，排名靠前的必然不会是你开发的 App。

所谓对的关键词，其实就两个标准：搜索量尽可能多、搜索结果数尽可能少。那么，如何客观合理地评估一个关键词的搜索量、搜索结果数呢？

最简单有效的方法，就是利用第三方平台的数据做决策，在百度上搜索"App 数据查询平台"，你会找到很多这类第三方平台，市面上比较知名的有七麦、点点数据、蝉大师等。

第一步，围绕 App 的核心功能在第三方平台找关键词，关键词应能体现你的 App 的功能特点，比如拍照、截图、记笔记等。

搜词之后，就可以查看该词的搜索指数（搜索量）和搜索结果数了。要筛选搜索指数不低于 4605，自然搜索结果数不高于 30 的关键词。如果搜索指数低于 4605，则意味着这个词没有什么搜索热度。如果搜索结果数远超 30，则说明以该词为核心功能的 App 已经有很多，再开发大概率无法激起什么水花。图 6-1 为使用点点数据搜词的结果。

第6章 冷启动：零成本推广引流秘籍

排名	关键词	搜索指数	流行度	自然搜索结果数
1	微信视频通话美颜	7689	29	17
2	美咖相机-可以化妆的美颜智能相机	4667	5	21
3	美颜如玉	4622	5	2
4	秒变证件照-智能美颜换底色	4611	5	86
5	视频通话美颜大师	4605	13	18
6	巧图-智能美颜证件照	4605	5	3

图 6-1

第二步，从符合条件的关键词中找到那些和自己开发的 App 的功能特点相契合的关键词。在这个过程中要判断用户搜索这个关键词的意图是否和你的 App 的功能一致。

第三步，撰写正确的 App 标题、副标题、简介、关键词。这里有几个关键点和基本概念。

- 关键词权重：标题 > 副标题 > 简介 > 关键词。
- 避免在标题、副标题中出现重复的关键词。
- 标题：应包含最核心的关键词（选择搜索指数更高的词），要体现 App 的核心功能特点。
- 副标题：对标题关键词的补充，应扩大关键词的覆盖范围，突出 App 的功能特点。
- 简介：尽可能体现 App 的功能特点和特性，吸引用户下载。

- 关键词：尽可能写满 100 个字符，如果没找到太多的关键词，则可以添加和 App 功能特点相同的竞品词，也可以用第三方平台的关键词拓展功能去查找。

对于所有关键词，可以根据其含义和功能划分为以下几类。

- 核心词：体现 App 功能特点的词。
- 品牌词：App 的名称。
- 人群词：体现 App 受众的词，如老人、女性、小孩等。
- 竞品词：同类 App 的关键词。
- 长尾词：字数较多的词。

对于一个新上线的 App 来说，核心词最为重要，因为用户不一定能在第一时间记住 App 的名字，但却能快速识别 App 的功能。其重要性大于品牌记忆。

第四步，为 App 添加多种语言的标题和副标题。

借助 AI 的能力，我们能够很轻松地将一个 App 做成不同语言版本，让全球用户下载和使用。语言不同，用户在应用商店搜索的内容自然也不同。设置不同语言的标题、副标题，可以让 App 的关键词覆盖面大幅增加。

以 iOS App 上架为例，在语言选择上添加不同的语言即可，如图 6-2 所示。

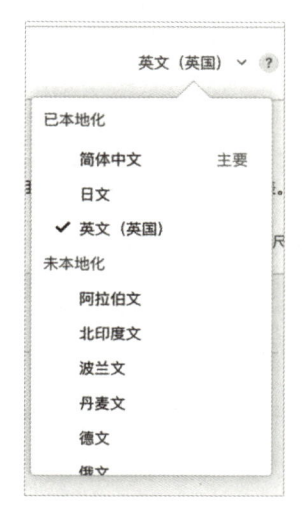

图 6-2

最后我想说，ASO 只能作为 App 流量的补充，不能作为 App 流量的核心来源。对于使用 AI 开发 App 来说，要知道怎么做 ASO，但不能完全依赖 ASO。

6.3 iOS App 在小红书上的冷启动获客策略

虽然使用 AI 能让不懂技术的普通人做出网站、App，但是 AI 的本质没有改变，它无法驱动流量。做应用能否赚钱，关键不在于技术牛不牛，而在于你是否能敏锐地洞察市场变化，了解用户的需求，为产品持续引流以解决流量的问题。

在如今的环境下，没有流量，一切都等于零，流量几乎决定了一个产品的生死。

对于大厂和一些有经验的团队来说，他们会利用自家其他产品的流量和付费流量去推广新的应用。但对于你我和绝大多数普通人来说，我们不仅没有这样的资源，也不太敢在开发出一个新应用的当下就立刻投放广告做付费流量，因为这很可能让我们血本无归。于是我们就会面临一个困境——应用做完了，但是没人用。那该如何解决这样的难题呢？

过去，在移动互联网还不够发达的时候，想对一个iOS App做冷启动，找到几百个种子用户，这对于缺乏预算的个人来说绝对是地狱级难度的事。但在今天，我们可以利用公域平台（如抖音、小红书、视频号等）的流量，找到第一批种子用户，通过他们的测试流量和反馈流量对自己开发的应用进行推广。

如果你做的是iOS App，面向国内用户，那么毫无疑问，最适合冷启动的、最适合找到种子用户的平台是小红书。相比之下，如果同样有500人看到了你的App推广内容，那么小红书的下载人数可能会有10人，而抖音的下载人数大概率为0。

基于此，本节我们就介绍如何将你使用AI开发的iOS App，在小红书上进行推广，完成种子用户的积累。

小红书平台对于营销性质的内容往往有着比较严格的管控，如果你发布的笔记[1]太生硬，即直接发硬广让别人来下载你的App，那么你的笔记大概率会被限流。所以利用小红书完成iOS App的冷启动，要讲究方法和策略。

第一步，我们要创建3个类型的小红书账号：个人账号、官方账号、种草账号。

---

[1] 在小红书平台发布的帖子，一般被称为"笔记"。

1. 个人账号

应用上线前，应以开发者的视角在个人账号上分享开发 iOS App 过程中的一些故事，讲讲自己是如何发现需求的，是如何构思应用功能并实现的。在这个过程中，你可以建立一个小红书种子用户预备群，以进群免费送 App 会员兑换码为福利，吸引对你的 App 有兴趣的用户，等到 App 正式上线时，你就会立刻拥有一批种子用户。

通过小红书群和用户建立联系，最大的好处在于，你能让一批用户帮你测试 App 的潜在问题，给你提供一些优化建议。很多时候，我们作为开发者，不能基于用户真实的使用场景去测试 App，所以经常会忽略很多问题。

更重要的是，可以通过小红书群的人数和进群的速度，判断出目标人群是否对你的 App 有兴趣。如果用送会员兑换码的方式还不能吸引至少几百人，则说明你的 App 并没有契合用户的真实需求，导致用户对应用功能不敏感。

2. 官方账号

在 App 上线后，可以以 App 名称、图标作为小红书账号名称和头像，建立一个官方账号。在官方账号上可以发布使用 App 的视频教程，这样的内容有利于增加 App 的权威性。

比如，你做了一个 AI 角色扮演的 App，AI 通过扮演各种角色为用户提供情感上的陪伴。那么你可以问 AI 一些有意思的问题，将 AI 的回复用手机录屏然后剪辑发布。你不用在视频中刻意引导用户下载 App，只要是对视频中内容感兴趣的用户，自然会顺着你发布的内容去下载 App。

3. 种草账号

在 App 上线后，你可以联系种子用户，让他们提供关于 App 的种草笔记，主要分享使用感受，然后将这些内容发布在你的种草账号上。作为发布笔记的奖励，你可以送他们一定时长的会员。

小红书是一个种草属性极强的平台，小红书的用户很多时候对于官方的信任度远远没有对于产品测评人的信任度高，所以找到一批种子用户能让你在初期快速提升 App 的影响力，进而提升下载转化率。

但是长期来说，你也不可能天天送会员让别人发种草笔记，这样做不具有可持续性。这时需要你在应用设计上下功夫，思考如何让 App 具有话题性和争议性，这样一来不用你找用户去种草，也会有人主动分享真实的使用感受。

对于一个新应用来说，使用小红书冷启动推广 App，最重要的不是做爆款，而是提高内容生产效率。因为 App 能不能成为爆款本身就存在一定的不确定性，成为爆款是小概率事件。对于这样的小概率事件来说，通过高频大量生产内容可以消除流量上的不确定性，增加 App 成为爆款的可能性。

使用 AI 编程的开发者，大多将时间花在 AI 开发上，而在 App 推广环节就没有那么努力和勤奋了，这是一个非常严重的问题！大家一定要记住，花在推广上的时间不应该少于使用 AI 编程的时间，具体来说就是要坚持产出推广内容，最好做到日更。

第二步，找到可复制的爆款笔记模板。

要如何定义爆款笔记呢？标准是什么？是点赞量越高越好吗？其实也不尽然。一般来说，爆款之所以能成为爆款，是因为抓住了一定的时效性，过去能火的内容不见得现在也能火。总体来说，可复制的爆款笔记应满足以下几个要求。

- 笔记发布时间最好不超过 7 天。
- 笔记点赞量超过 100，有一定的收藏量和评论数，这些数据能够反映真实的用户需求。
- 账号的粉丝量不超过 1 万。

模仿这样的笔记产出内容，发出去才更有可能收获流量。而对于笔记本身，要注意两个细节：笔记的封面、笔记的标题。

那该如何找到可复制的爆款笔记呢？有两种最简单的方法。

- 在小红书中直接搜索关键词，比如"iOS App"，筛选点赞量最高且在 7 天内发布的笔记。
- 给你想要模仿的爆款笔记点赞、收藏和评论，让系统认为你对这类内容有兴趣，为账号打上相关标签，这样你就可以在首页刷到系统推荐的更多相关内容了。

第三步，设置高打开率的笔记封面和标题。

小红书的推荐机制不同于抖音等平台，小红书首页的笔记是以瀑布流的方式展现的，由用户主动选择查看哪一篇。所以，对于一篇有爆款潜质的小红书笔记来说，最重要的莫过于设置一个吸引人的封面和标题，这决定了笔记的打开率，将影响系统是否会进一步为我们的笔记推流。

设置小红书笔记的封面和标题，应注意以下细节。

- 封面：突出核心关键词，图片比例为 4∶3，配色醒目，一行不要超过 4 个汉字，行数最好在两行以内。如果配有人像，要注意将人像置于中心位置。
- 标题：不要和封面的标题内容重复，应尽量体现关键词。

高打开率小红书标题的套路如下。

- 数字型标题：在标题中加入数字会比简单陈述更有吸引力，比如"3 小时，我用 AI 开发了一个 iOS App""新手 0 基础，5 分钟开发网页版小游戏"。
- 情绪化标题：在标题中加入情绪化的词语和标点符号，比如"太强了！小白用 AI 30 分钟开发出个人网站""没想到！我用 AI 编程赚了 1 万元""我敢说，这是 AI 编程的最强提示词！"。
- 反差型标题：在标题中制造冲突，突出前后对比，比如"只有一台电脑，用 AI 做 iOS App 赚了 2 万元""不懂一行代码，但我开发并上架了 2 款 iOS App"。

我们只需要了解哪一类标题在小红书上有着较高的打开率即可，具体的标题则可以交给 AI 来生成。比如，在找到爆款笔记模板后，你可以将标题发送给 AI，并告诉 AI："请根据标题，仿写 10 条同样风格的小红书笔记标题。"

最后，我们来总结一下小红书的流量机制。小红书的流量分为推荐流量和搜索流量。因为小红书平台的天然种草属性，所以它和 Google、百度等搜索引擎一样，有着不少通过搜索笔记完成消费决策的用户。这一点对于我们开发的 iOS App 来说，有很大帮助。

我们所开发的 App 不就是为了解决某一类用户在某个场景下的问题而存在的吗？基于此，在发布笔记时可以利用这一流量机制，在小红书笔记的标题、内容中包含与 App 功能有关的关键词，为 App 增加一条被动的流量渠道。

与做网站 SEO 找关键词的方法相同，在小红书中输入核心关键词，比如"小程序"，在搜索框的下拉选项中可以找到多个关键词，这些关键词都值得你单独为其发布若干篇笔记，抢占搜索流量。

第 7 章
高变现：从产品到利润

7.1 商业模式：独立开发者如何斩获首个 100 万元

因为 AI 的出现，很多人拥有了开发应用的能力。然而，AI 虽然解决了开发应用最关键的技术问题，但是大多数使用 AI 的人也只能通过它去做一个"玩具"，无法真正变现。这也就导致了一个现象——虽然行业内有着越来越多的 AI 开发者，但是真正能靠 AI 开发应用赚到钱并将其作为主业的人很少。

在我看来，使用 AI 编程这样一项技能，如果不能产生实际效益，也不能为工作降本增效，那么学习和使用它完全就是浪费时间。

做任何应用软件类产品，要想让其在市场上生存，所要解决的都不只是如何开发的问题，还包括在开发之前调研市场方向、了解用户需求、了解竞品特点，以及在开发以后持续不断地推广产品、持续不断地迭代和优化产品的功能和细节，即积极运营。使用 AI 开发应用并上线后，就可以坐等收钱，这种想法很天真！

说这些的目的，是希望你能够客观认识 AI 编程这件事，知道为什么去学、去做，以及使用 AI 开发应用的重点、难点。

当然，我也会告诉你，还是有很多完全不懂技术的人靠做应用赚到了很多钱。这里面的关键不只是运气，更是对行业的理解、对流量的掌握、对人性的洞察。

首先，我们思考一下应用的本质是什么。

很简单，就是满足用户的需求，为用户提供各项功能和服务。这一点，从本质上来说和我们吃饭的餐厅没有什么差别，只不过餐厅是以实体形式存在的，而应用是以虚拟形式存在于互联网上的。

做应用的底层逻辑是，一定要清楚你做的应用能满足哪类人群的需求、市场上是否已经有了很多同质化产品，这也是开店做生意时需要考虑的问题。

很有意思的是，我见过不下几十个使用 AI 编程的人做的是同一类应用，而且功能几乎一模一样，只是页面长得不一样罢了。在市场上明明已经有了很多同质化产品的情况下，再使用 AI 做一样的产品，胜算在哪里？而且这些同质化产品里还有大厂开发的、其他同样使用 AI 开发的。

你靠 AI 用几个小时、几天做出来的应用真的能比大厂开发的应用更好吗？你使用 AI 开发的应用，难道就比其他人使用 AI 开发的应用更好吗？

如果你一定要为已知答案的问题寻找答案，那么使用 AI 编程的终局，就只能是浪费大把的时间而一无所获。

对于绝大多数普通人来说，学习和使用 AI 编程，最实际的，也是短期内能立竿见影看到回报的场景，就是借助 AI 完成日常工作中一些高度重复的动作。

每个人的需求都不同，很多人的需求也都比较小众，所以不太可能有人专门针对你的需求开发一个应用。而这就意味着还有很大的"机会"，再小的需求在庞大的人口基数下，也会有庞大的用户量。我们国家有十几亿人，全球有几十亿人，难道就找不出几十万、几百万个和你有同样问题的人吗？

当你有了这个意识后，你不妨思考一下，如果有一个应用，能够有效解决你工作中某一环节的问题，那么你愿意为此付多少钱呢？作为这个应用最真实的用户，如果你愿意付钱，那么其他人大概率也会有意愿付钱。

基于这样的需求，使用 AI 开发的应用，才具备价值，才具有变现的可能。

但很可惜，这样的应用往往比较小众，不太容易获客，引流的成本较高。同时，这类应用虽然变现很快，但是极大概率不会让开发者发财，比如很难赚到 100 万元。所以这样的应用非常适合初学 AI 编程的人去尝试，能够给予初学者坚持下去的信心。

为什么要提到 100 万元呢？因为这个数字对于绝大多数 AI 开发者来说是一个天然门槛，迈过去了，一往无前，迈不过去，可能还不如打工赚得多。

使用 AI 编程，要想赚到第一个 100 万元，一定要切记两件事。

第一，排除接广告这个选项。要想靠接广告一下赚到 100 万元，对于网站来说，日均访问量没有上万次打底，几乎等于白日做梦。而一个日均访问量上万次的网站，又有几个完全靠接广告赚钱？作为一个新手，几乎没有实现的可能。

第二，不要梦想将你开发的应用卖出高客单价，那些大几百、上千元的会员费用可能超出了 99% 的用户的付费能力，除非有必须付费的理由，否则有能力、有意愿购买高客单价应用的用户，往往都是企业或团队。作为一个不懂技术的小白，使用 AI 开发的应用很难满足这类用户的需求，而且推广难度也很大。

有人可能要问，将应用做成付费软件，或者在应用中卖一些产品，是否能快速赚到 100 万元？

其实，这么做也很难。因为在这个过程中你会发现，想要靠卖付费软件赚钱需要找到非常多的目标用户，而要想找到大量目标用户，则需要面向几十倍的人群进行推广。这种方式效率太低、周期太长，和快速赚到 100 万元的预设不符。

因此，要想靠 AI 开发应用并快速赚到 100 万元，一定要积极转变思路。在这个过程中，有两个制胜法宝。

- 有获取大流量的能力。
- 有做乘法和做加法的能力。

接下来我们要说的就是做乘法的方法。这个方法的核心就是利用付费流量去撬动应用的用户增长，利用订阅制的模式去获得持续的被动收入。

对于一个应用来说，想要实现持续的用户增长和被动收入，一定不能只靠免费流量（免费流量不持续，而且有很明显的瓶颈），也一定不能只靠单次的产品销售，而是要靠"付费流量+订阅制模式"。

订阅制模式，简单来说，就是让用户按月为应用付费。这种模式的最大优势就在于能够创造更大的用户终身价值，只要应用能够满足核心用户的需求，能够解决用户在某一方面的问题，就不难有用户愿意付费。即使费用只有 10 元/月，也能在停止推广动作后持续带来收入。

使用 AI 开发应用，一定要知道赚钱的应用是在靠什么模式赚钱。很多人觉得付费投放广告、做付费流量会亏钱，但实际上，付费流量是最能快速验证你使用 AI 开发的应用是否具有变现能力的一种方式，并且能够帮你快速迭代产品。同时，如果在做付费流量的初期就明显亏钱了，那么相信你也不会持续投放下去，所以本质上这件事的成本不高，相比于花大量的时间在各个平台发表内容推广应用来说，付费流量反而更具性价比。因为对于一个成熟的独立开发者来说，最稀缺、最有价值的其实是时间。

付费流量的好处是，流量更加精准、成本更加可控，能够让你有效、直观地拿到市场的第一手数据，判断应用是否存在问题。比如，付费流量投放了，投放的平台、人群和方式都没有太大问题，但你却一分钱都没有赚到，甚至用户下载应用后几乎都没有持续使用，则说明是应用本身存在致命问题。

这时你就应该思考，是不是一开始选择的方向就错了？无论是对独立开发者来说，还是对团队而言，走错方向都是很致命的错误。

那么什么样的产品能够让用户主动付费，并且持续付费呢？这其实是两个问题。用户主动付费有时也不见得是因为应用足够好，而可能是因为应用推广的套路足够多，能够在某一时刻满足用户冲动的消费欲望。而让用户愿意持续付费的应用，往往都找对了开发方向。

所以，我常常说，使用 AI 开发应用，最忌讳的就是在错误的路上狂奔。这些思考，来自我交了大量学费、试错数十次、历经数年，所积累下来的真实经验。

如果你刚刚使用 AI 编程，可能还无法对这些内容有什么深刻的体会。但当你能持续使用 AI 编程超过三个月，并能开发和上线自己的应用时，再回头看本节内容，相信你会发现"商业模式"的价值。

7.2　MVP 策略：AI 开发者必学的经营模式

很多人在使用 AI 编程的过程中，容易因为投入了太多时间和心血，对开发的应用产生一些情感，感觉那就像自己精心打磨的艺术品一样，并因此对其产生一些不切实际的期待。一旦自己的想法被人模仿，就会非常愤怒；一旦产品的市场反馈很差，便无法客观地思考问题，并产生情绪上的波动。

其实，使用AI开发应用，能有一个好的想法固然很重要，但更重要的是要知道什么时候该止损收手，放弃当下的成果；什么时候该下重注，追加更多人力和资源，扩大用户规模。

实际上，真正具有变现能力和市场价值的应用，其赚钱能力不会在很长时间后才体现出来，而是当仅有少量用户使用时就能看出来，甚至是在还没开始做之前就已经有用户迫不及待想要使用了。

所以，当我们使用AI开发了一个应用后，最重要的第一件事，就是用最低的成本去验证产品的需求是否为真，是否真的有用户存在这样的问题，是否真的有用户愿意为此付钱。需要收集用户浏览、下载、注册、使用、付费等各个环节的必要数据，基于数据做出合理的判断。

这也是每个使用AI编程的人都应该有的思维和做事方法。也就是说，应该具备一套MVP[1]策略，低成本快速验证产品的需求的真实性，拿到产品的核心数据，再决定是否应该持续投入更多时间、精力和资源。这里有两个关键词：低成本和验证。

低成本，简单来说就是尽可能少地投入时间和资金；验证，就是搞清楚用户对应用是否有热情，是不是愿意为应用付费。这也是一个循序

---

1 MVP：Minimum Viable Product，最小化可行产品。是一种产品开发策略，旨在通过最小资源投入和最快速度构建一个能够满足目标市场核心需求的产品原型，以验证产品假设和市场需求。

渐进的策略，需要一步一步试探。

使用MVP策略的最大好处是能够降低试错成本。使用AI编程的多数人都是利用业余时间做的，虽然不会有太多资金上的投入，但是会付出很高的时间成本，这是打工人最为稀缺的资源。因此，一旦做错产品，一旦在一个没有市场价值的应用上过多投入时间精力，在长时间没有正向反馈后，便会心力交瘁。但是MVP策略可以明确告诉你什么时候该收手，什么时候该"梭哈"[1]。

我们再来说说MVP策略中的验证，这也是最关键的地方。从逻辑上来说，一般会如下验证产品的市场价值。

第一步，先做一个最简单的Demo（产品样板），用最少的时间实现一个核心功能，不要注册/登录，不要后台，也不要任何复杂的交互，就实现一个简单的核心功能。

比如，我想做一个使用AI大模型的能力，在男生给女朋友拍照时能够根据网络上的热门图片在相机里生成参考构图，并根据用户使用次数收费的订阅制iOS App，那么前期我只需要实现一个有参考构图拍照核心功能的App，其他什么功能都不用管，要尽可能简化业务逻辑。

这样一个App，如果使用AI来实现，在熟练掌握编程流程的情况下最多不超过2天，还能提交上架。

第二步，App上架后，可以利用朋友圈、小红书、抖音等社交媒体

---

[1] 网络流行语，源自扑克牌游戏。一般指将所有赌注都押上，通过一次毫无保留的投资行为博得最大的收益。

平台发布几条相关的笔记/短视频做推广，观察开发者后台显示的下载数据、日均使用数据，收集评论区用户对 App 的反馈和意见。

在完成这一动作后，通常会出现如下情况。

- 发布的笔记/短视频没有任何流量，更没人下载 App。
- 发布的笔记/短视频有流量，但没人下载 App。
- 发布的笔记/短视频有流量，也有人下载 App，但没人持续使用。
- 发布的笔记/短视频有流量，也有人下载 App，而且用户都在持续使用。

出现第一种情况，先不要否定 App 本身的市场价值，完全有可能是发布的推广内容本身存在问题。这种情况下的应对策略是先调整发布内容，然后再次发布。如果多次调整和发布还是出现这种情况，那就有可能是 App 本身缺乏特点，不具备成为爆款的可能。

出现第二种情况，往往说明用户对 App 有一定的兴趣，但 App 的核心功能并没有直击用户的痛点。说白了就是，产品没有什么特别惊艳的地方，没能打动用户。在移动互联网时代，让用户主动下载一个 App 的成本极高，一定要真的能够满足用户的需求、解决用户的问题。如果 App 没有能推动用户行动的特点，那就基本等于宣告死刑。在这种情况下应该好好想想用户需求，切忌自嗨。

出现第三种情况，首先说明推广内容做得不错，App 本身的功能特点也具有一定的吸引力。但是没有人持续使用则说明 App 所满足的用户需求是一个低频需求，或 App 的功能没有真正解决用户的问题。

在这种情况下，应该尽可能多地收集用户的反馈，进一步迭代产品的功能和细节，向使用 App 的用户调研，询问他们为什么下载、使用这款 App，会在什么具体的场景下用到该 App。根据反馈迭代产品，再进行推广。

不过要注意，低频需求不意味着没有市场价值，有些 App 的确不是天天都会打开去用的，特别是一些工具类的 App。对于这类 App，要多在功能特性上下功夫。

出现第四种情况，说明你的想法被完全验证，你也找到了一个相对高频的市场需求。此时可以进一步验证 App 在付费意愿方面的可行性，同时应该持续提升在免费渠道上的内容生成力。

如果说使用 AI 开发的应用出现前两种情况，则通常建议直接放弃，不要在上面继续浪费时间。没有市场价值的垃圾应用不会因为开发者更努力就变成黄金，切记做应用不要自嗨，不要有太多的情感投入。要将做应用当成一门生意，做错了就及时收手，这没什么丢人的，一定要总结问题，保存心力，再次出发。

如果出现后面两种情况，则可以考虑对应用进行下一步的 MVP 策略验证。

第三步，测试用户是否愿意为产品功能付费，如果愿意，那么具体可以付多少钱。这个过程其实也是一个逐步试探的过程。

请将免费应用直接转变为付费应用，如果开发的是 iOS App，则可以将价格设置为 1~3 元；如果开发的是网站，则可以设置一个买断制的套餐，收费不超过 9.9 元；如果开发的是微信小程序，则可以在使用小程序的功能前增加一个激励式的广告，强制用户必须看完广告才能使用功能。通过收费和激励式广告，进一步测试有多少用户愿意付费使用和持续使用。

不要担心一旦收钱、加广告就会伤害用户，这是应用变现的必经之路，也是对用户的一种试探。

如果用户能够接受付费使用或看完广告才能使用，那么我们就可以进一步升级商业模式，由买断制收费转变为订阅制收费，由激励式广告变为买断制免除广告（一次性付费 19.9 元可以终身免广告和不限次数使用）。

反之，如果在转为订阅制后转化率极速下滑，在同等流量情况下整体营收对比之前大幅下跌，则说明应用卖点不足，这时要么退回买断制，要么持续迭代产品功能，试着提升订阅制转化率。

在这个阶段，你开发的应用往往已经小有名气，这时最应该做的是将所有应用类型都覆盖，特别是微信小程序和安卓 App。开发者要有优先占位置的意识，不要让别人趁机偷取你的创意，抢占了市场。

在这个阶段还要尽可能收集和整理已知数据，弄清楚各个环节的转化率。比如笔记/短视频的播放量与后台下载量的百分比、免费下载和付费下载的比例、免费下载到付费订阅的转化率等，数字不一定要精准，但开发者要做到心中有数。

第四步，如果应用能够转化为订阅制，没有退回买断制，那么就进入 MVP 策略的最后一个阶段，使用付费流量推广应用。

在这个环节应优先选择关键词竞价广告，放弃信息流广告，因为关键词竞价广告的预算和效果更加可控，能用更低的成本验证应用在付费流量中的 ROI（广告投入与应用收益之间的比值）。

如果是 iOS App，则可以在 App Store 中投放 ASM 广告（应用商店的付费关键词竞价广告）；如果是网站应用，则可以在 Google 投放 SEM 广告（搜索引擎的付费关键词竞价广告）。

在付费投放环节，依然要遵循 MVP 策略，设置好每日预算上限，这里的重点在于测试不同国家的人群的付费转化率和 ROI，放弃那些出价很贵、竞争异常激烈的关键词，尽可能多地在广告后台添加精准且价格便宜的长尾词。

完成这一步，也就完成了整个 MVP 策略的流程，从验证想法到验证用户付费意愿，再到验证产品付费流量的 ROI。这是一个成熟的经营流程，能帮你有效降低试错成本，让你知道如何在应用开发的不同阶段做出正确的选择。

7.3 矩阵策略：将赚钱的效果放大 100 倍

不知道大家有没有想过，作为不懂技术、不会写代码，只能使用 AI 编程的人，开发应用时怎么和那些懂技术的程序员、懂产品的大厂产品经理竞争？相比之下，我们明显不具备什么优势，这场仗根本没法打。

所以，我们到底怎么在市场中挣钱，怎么才能使用 AI 编程创造经济收益？为什么赚钱的是我们，而不是别人？如果你在使用 AI 编程的初期就能意识到这些问题，则意味着你已经走在了别人的前面。

事实上，使用 AI 编程让你和更多人处在了同一起跑线上，未来使用 AI 编程的人只会多不会少，这些人中不乏一些互联网大厂的、有着丰富产品经验和技术经验的人，但也有很多仅有初高中学历的、没有开发经验的人，这些人也可以靠做网站赚到人生的第一桶金。所以大家完全不必担心自己会输在起跑线上。

AI 编程的出现让很多过去不值得花费巨大人力成本去实现的小巧思变成了现实，这些想法对于很多懂技术的人来说或许并不屑于去落实，他们会认为商业价值不高、回报抵消不了付出的成本。但来自不同行业的、做着不同职业的、当下所处位置不同的人，在面对同样的问题时会有不同的视角和想法，所以不一定哪个人就会发现这些小项目的巨大商业价值。

说这些，你可能不能直观理解。我来讲一个真实的案例，让你了解过去的一些草根站长是怎么赚钱的。

我做了很多年网站，认识不少做网站的朋友，这些朋友里没有一个是来自大厂的、科班出身的人，但是这些人在做事的方法上几乎都遵循一样的路径。

假设你有一份稳定的工作，有一份看着还不错的收入，且你在业余时间靠着 AI 编程赚到了钱，做了一款收入还不错的应用。但如果你的 App 收入相比于工作来说不足够诱人，而随着付出的时间越来越多，你的本职工作又受到了影响，那么这个时候，你是会选择放弃 AI 编程这个副业，还是会选择在业余时间再坚持坚持呢？

我可以明确地告诉你，这两个选择面临的都是死局，最终，你大概率会放弃。

上述情况是每个在工作之余将 AI 编程作为副业的人一定会经历的心路历程。其实，正确答案是放弃当前运营的 App，但不是放弃使用 AI 编程，你应该从头开始再做十遍、百遍你之前做过的事，即采用"矩阵策略"。

客观来说，你得认清自己几斤几两。使用 AI 编程不等于"开挂"，也不意味着能做出一个现象级产品。就算交给有能力、有经验、懂技术的大厂项目经理，也不一定能实现这个目标，何况是你我这种一行代码都不会写的小白。

但是，在这个过程中，很幸运的是，你能够将一个项目从 0 到 1 跑通并赚到钱，虽然这花费了很多的时间，但如果能再复刻一遍、多遍过去的方法，那么你的收入不就变成双倍、多倍了吗？

在过去的二十多年里，那些草根站长就是这么干的。他们靠着矩阵策略，实现了收入翻倍。我有一个朋友，他过去做网站赚钱的方法就是将别人放弃不做的网站域名在过期后抢注过来，重新建站，经营一段时间后立马卖掉变现，然后再去做下一个。

很多人对于矩阵策略会有一个错误认知，就是认为 N 次复制所花费的时间，等于第一次从 0 到 1 跑通应用并变现所花费的时间的 N 倍，其实不然。复制根本花不了那么多时间，因为从 0 到 1 的过程是在创造，这个阶段会尝试各种方法，大多数时间都花在了尝试上，而后续的复制将摒弃无用的方法，只需要做那些有效动作。

就拿做网站来说，复制开发的过程无非就是套个模板、更新一下内容，这很困难吗？大多数站长花在开发网站上的有效时间，每天甚至不超过 1 小时，其他时间，他们都在对网站的样式进行优化，或针对用户的具体需求做出改进。

如果你能使用 AI 做出每个月只能赚 1000 元的应用，那你为什么不能再做 10 个？想通过做一个应用一个月赚一万元确实很难，但是通过做加法，重复做 10 遍每个月赚 1000 元的应用，同样达到月入一万元的目标，却很容易。

当然，想用矩阵策略复制和放大产品的收益，也不是万金油。这一策略更像为网站量身定制的，因为 SEO 方法天然具备这些特性，能够在你布局好页面的关键词后被动地实现持续引流。

如果你做的是 iOS App，也使用这一策略，则会遭遇很大的瓶颈。因为应用商店里的应用数量庞大，用户习惯搜索的关键词不如网站搜索引擎中那么丰富，这会给 ASO 方法的引流造成困难。

对于 iOS App，使用矩阵策略的具体方法是"套壳"，简单来说就是自己抄自己，找一个别的 Apple 开发者账号，上架一个样式不同、图标不同，但实际功能完全一致的 App，去布局和此前能变现的 App 一样的关键词。不必担心投放同一个关键词会造成另一个 App 的转化率下降，因为你不投放，别人一样会投放。

以上就是矩阵化的运营策略，将赚钱的事多做几遍，而不是刻意追求将一件赚钱的事做到极致。

7.4 抄作业：复制成功项目的赚钱路径

本节是全书的最后内容，我会讲解一个对于所有正在使用 AI 编程的开发者来说最为重要的问题——要使用 AI 做什么样的应用，才能做到持续小胜，持续拿到一定的结果。

之所以不去讲那些使用 AI 开发应用赚到百万、千万美元的案例，是因为这对于大多数人来说太过不切实际，这些成功项目的背后经历了很多失败项目的铺垫，对于小白来说没有复用价值。

虽然我是非科班出身的，不懂任何技术，但在十年的职业生涯里，我却极少经历亏钱的项目。我最为擅长的是跑通各类小项目，不断从 0 到 1 拿到正反馈。虽然没有拿到过巨大的成果，但这也让我在过去很多年里获得了较为可观的收入。

我的经验，对于那些想靠 AI 编程发财的人来说可能没有多少参考价值，但是如果你想在使用 AI 编程的过程中做出一些不是很耀眼却能持续赚点儿小钱的应用，那么我的经验会对你有很大的价值。

网络上有一些人不认可我这种方法和策略，但这并不说明方法本身的可行性有问题，而是价值观和理念的冲突。有的独立开发者很理想主义化，颇具极客精神，想做一些独特的、极致的产品，一旦自己的好想法被人模仿就会瞬间"破防"。而我则更注重在自己的能力边际范围内获取正向收益。

首先，好的想法不可能天天有，天然具有不可持续性。另外，好的想法和创意，是你认为好，还是市场认可它好，也是个未知数。

如果有一天你灵感一现，萌生出一个惊为天人的 idea，并发现市场上没有同类产品，你可能非常激动。但我劝你冷静冷静，出现这种情况还有一种可能，就是早有人做过了，却失败了。

我不否定有的人拥有极具商业价值的想法，但大多数时候，这是小概率事件，而且在过去的二十多年里，还没被人做过的项目几乎和大熊猫一样珍稀。

所以，当你使用 AI 编程的那一刻，你会发现问题将由怎么用 AI 编程，转变为使用 AI 做什么。这是一个方法论层面的问题，是一个比较复杂的问题，在不同的视角下会有不同的答案。

有的人会告诉你，使用 AI 编程，最重要的是找到真实的用户需求，解决用户在特定场景下的痛点。这样的说法没错，但很官方，容易让人摸不着头脑，觉得无从下手。其实，真正有效的做法是"抄作业"。

所谓"抄作业"，就是谁赚钱就复制谁。"抄作业"能让你在很大程度上持续成功。这可能是很多人认同但不敢说的真话。

世界上的所有问题都可以试着找到答案，而项目中的所有问题几乎都能在同行那里找到答案。客观来说，从同行那里找答案效率极高、成本极低。

可能有人不屑于这么做，但是你认真想想，像 eBay、亚马逊、Facebook 等全球知名科技公司的产品，在国内就没有大同小异的翻版吗？

从结果出发，你会发现一切问题都将变得简单。

使用 AI 编程，你要找到那些闷声发大财的产品，找到那些你能力边际范围内可实现的产品，完整复制它的业务模式和开发流程，最好做到一比一复制。

注意，这里有一个必要条件：在你的能力边际范围内！那些完全不在自己能力圈内的产品，即使赚钱也不具备"抄作业"的可能，就好比你能复制一个淘宝 App 吗？完全没有可能。

那该如何找到可复制的产品呢？实际上这很简单。方法就是看广告。

多数人一看到广告就会习惯性地厌恶、忽视，认为自己的注意力被干扰了。但你反过来想，你之所以能看到这条广告，是因为广告背后有人做了付费投放。那他为什么要付费让你看到这条广告呢？还不是因为想要赚回比广告投放费用更多的钱。如果你发现一条广告被持续投放，就说明广告带来的收益大于投放广告的成本。

所以，广告不是敌人，其中潜藏了一个又一个赚钱的机会。广告中的每个字眼都值得你认真研究。

但在今天的很多平台中，因为个性化算法推荐的影响，多数时候你只能看到你感兴趣的内容，以及符合你账号人群标签的广告，这也就形成了一个信息孤岛，你会认为你所看到的就是全世界。

但对于使用 AI 编程的独立开发者来说，算法推荐机制的局限性极大，很容易让你对信息产生错误的判断，进而做出错误的决策。如果你用一个新注册的账号去看各个平台的内容，那么你会惊奇地发现，原来有这么多自己没看过的内容。

很多时候，你所做的决定看似理性，但实际会被一系列的人和事交织产生的结果所影响。这要求你在使用 AI 编程时具备一定的网络信息检索能力，逃离算法推荐的信息孤岛，利用商业的视角看待广告。这项能力是"抄作业"的基本能力。

在不同的内容平台中，广告会有着不同的展现方式，在手机端 App 里，广告往往由算法推荐，会推送给带有不同标签的人群；在搜索引擎里，广告往往由关键词决定，会展现给搜索指定关键词的用户。

这两种方式天差地别。前者，平台会根据算法推荐用户可能感兴趣的、有需求的广告，也可以理解为广告方认为观看者符合他们的用户画像；后者，则是在用户有了明确的需求后，由平台方展现符合搜索意图的内容。

在看到广告的那一刻，你就要思考以下几点。

- 这条广告中的素材是怎么生成的。素材决定了广告的效果，是广告中最重要的内容。
- 这条广告的目的是什么，是 App 下载、订单转化、业务咨询、品牌曝光，还是其他的。
- 这条广告背后的业务逻辑和盈利模式是怎样的。顺着广告。你就能厘清整个业务流程。

当你想使用 AI 开发一个应用时，你应该在所有平台上留意是否有人在持续投放同类应用的广告。

如果没有，那么大概率只有一种可能，就是这个应用的利润支撑不起广告投放的成本，不具有盈利的可能。

如果能看到同类产品正在投放广告，那么你要进一步判断这条广告是亏钱的还是赚钱的，最简单的方法就是看广告投放的时间是否超过一个月，如果一个月都没有就停止投放，那么大概率说明产品是亏钱的。

同时，利用好第三方数据平台查询应用所有已知的数据，分析流量来源和结构、用户评价等，顺着流量的来源去查看应用在不同渠道的广告投放情况。

比如，你调研的是 iOS App，那么一定要去看 App 评论区里的用户评论，这是最真实的产品测评报告。在不同的用户视角里，你会发现不同的诉求，这些诉求就可以作为你"抄作业"后的创新点。

最后，总结一下"抄作业"方法论：有了想法后，先通过看广告持续观察并验证信息的有效性；然后以身入局，以用户的角色体验对方产品的完整服务流程；剩下的事就是带有复制性质的开发，可以交给 AI 去做。